"十四五"时期国家重点出版物出版专项规划项目

月球车与火星车

贾阳 著

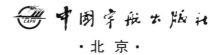

中国宇航出版社
·北京·

图书在版编目（CIP）数据

月球车与火星车 / 贾阳著. -- 北京：中国宇航出
版社，2021.5（2023.4 重印）
ISBN 978 - 7 - 5159 - 1924 - 9

Ⅰ.①月… Ⅱ.①贾… Ⅲ.①月面车辆－青年读物②
火星探测器－青年读物 Ⅳ.①V476.3－49②V476.4－49

中国版本图书馆 CIP 数据核字（2021）第 099083 号

责任编辑	汪秀明			
责任校对	马 喆	**封面设计**	谭 浩	

出 版 发 行	**中国宇航出版社**				
社 址	北京市阜成路 8 号	邮 编 100830		版 次	2021 年 5 月第 1 版
	（010）60286808	（010）68768548			2023 年 4 月第 3 次印刷
网 址	www.caphbook.com			规 格	787×1092
经 销	新华书店			开 本	1/16
发行部	（010）60286888	（010）68371900		印 张	18.5
	（010）60286887	（010）60286804(传真)		字 数	312 千字
零售店	读者服务部	（010）68371105		书 号	ISBN 978 - 7 - 5159 - 1924 - 9
承 印	北京中科印刷有限公司			定 价	98.00 元

本书如有印装质量问题，可与发行部联系调换

自 序
PREFACE

　　这本书写了很长时间，从玉兔一号月球车发射之后，有些闲暇开始，一直写到了火星车发射之前，历时六年，期间续少断多，但是从来没有打消把我国月球车、火星车的相关知识，以及研制背后的故事写下来的想法。

　　我一直认为科学技术的普及工作十分有意义，关乎项目的未来、事业的未来，甚至国家的未来。

　　这是一本什么书呢？月球车、火星车是一类很特殊的航天器。在神秘的星球表面上，人类的星球车勇往直前，吸引了很多关注的目光。它们是怎样被设计出来的？有哪些特殊的本领？背后又有哪些感人的故事？这些就是本书的全部内容。

　　这是一本给谁看的书？在写作的过程中，内心设定的读者是高中生和大学生。如果你对物理感兴趣，对航天、天文感兴趣，或者对美感兴趣，大致可以在书中找到一点喜欢的东西。个别文章涉及一些概念，如果不理解，可以上网搜索一下，或者干脆跳过去，不用因为这些影响阅读的连续性，总有一天会懂的。

　　怎么看这本书？所有的文章，相对独立，篇幅有长有短，在 5 分钟至 10 分钟之间可以读完一篇，这也是考虑了青年读者的阅读习惯。睡前随便翻翻就好。

　　凡读至此，已知我心。是为序。

南山

（作者笔名）

2020 年春于尺清斋

目　录
CONTENTS

第一编　月球车

玉兔的诞生 /2

玉兔号月球车中的化学元素 /14

在地球上怎么模拟月壤？ /25

月球车外场试验为什么选在沙漠地区？ /28

漫漫大漠深处　幽幽探月真情 /31

外场散记 /45

为月球车起名 /57

月球车取得了哪些科学探测成果？ /60

月球车的周围有多少坑？ /63

啊，我坏掉了！ /67

嫦娥四号任务看点大全 /71

嫦娥四号取消月食工作模式 /78

玉兔背后的故事 /83

第二编　火星车

火星的火　　　　　　　　　　　　　　　/106

火星很美　　　　　　　　　　　　　　　/113

制作火星车面临的难题　　　　　　　　　/120

设计一辆漂亮的火星车　　　　　　　　　/122

火星车设计中的"克克计较"　　　　　　/129

神奇的隔热材料　　　　　　　　　　　　/135

火星车的被动悬架与主动悬架　　　　　　/139

火星的光　　　　　　　　　　　　　　　/144

火星车太阳能电池板如何除尘?　　　　　/147

火星移动智能体　　　　　　　　　　　　/151

火星车的图像压缩　　　　　　　　　　　/156

火星车的研制试验　　　　　　　　　　　/162

地球上那些像火星的地方　　　　　　　　/168

模拟火星土壤　　　　　　　　　　　　　/175

火星车工作一共分几步?　　　　　　　　/180

火星车执行任务时师傅们做什么?　　　　/185

和中国的火星车一起去旅行　　　　　　　/188

火星探测任务看点终极版　　　　　　　　/196

火星车能看到的天象奇观　　　　　　　　/208

第三编　回顾与展望

嫦娥工程的规划及贡献　　　　　　　　　/218

深空探测器技术体系　　　　　　　　　　/225

星球车的关键技术　　　　　　　　　　　/229

火星探测多种选择　　　　　　　　　　　/239

火星飞机与火星气球　　　　　　　　　　/242

火星宜居化（MtoE）改造设想　　　　　　/247

一种深空探测航天员应急生命保障系统　　/255

在月球上放台打印机　　　　　　　　　　/259

火星奥运会　　　　　　　　　　　　　　/262

我在空间站的一天　　　　　　　　　　　/266

航天与天文主题旅游景点推介　　　　　　/268

未来已来 50%　　　　　　　　　　　　　/278

后记　　　　　　　　　　　　　　　/285

CHAPTER 1

第一编

月球车

玉兔的诞生

　　中国的月球探测工程被命名为嫦娥工程，已经执行了七次任务，其中两次任务，探测器系统中包括月球车，这两辆月球车分别被命名为玉兔一号、玉兔二号。

　　月球车能够拓展科学仪器的探测范围，开展有针对性的探测，比如测量不同地点月壤的厚度，分析特定岩石中矿物的成分，获得巡视区域的地形地貌信息，深化人类对月球的认知程度。

　　2013 年年底，玉兔一号月球车开始在月球正面虹湾地区开展巡视探测，2019 年年初，玉兔二号月球车与嫦娥四号着陆器分离，驶抵月球背面，成为人类到达月球背面的第一辆月球车。回顾十六年来在深空之路上行走的收获和体会，感慨良多。

　　刚开始接触这项工作，大家都不知道月球车应该长成什么样子时，组织设计师提出了各种创意，就是在宣纸上画出各种想象中的方案，不求功能完整，比如通信需要天线，提供能源需要太阳能电池，还需要机械臂辅助工作……大家在设计图纸上画出五花八门、形态各异、长着"翅膀"的小车：有 4 个轮子的、6 个轮子的、8 个轮子的；有方形太阳能电池板、三角形太阳能电池板、梯形太阳能电池板；有的稳重，有的轻巧，有的酷炫如变形金刚……

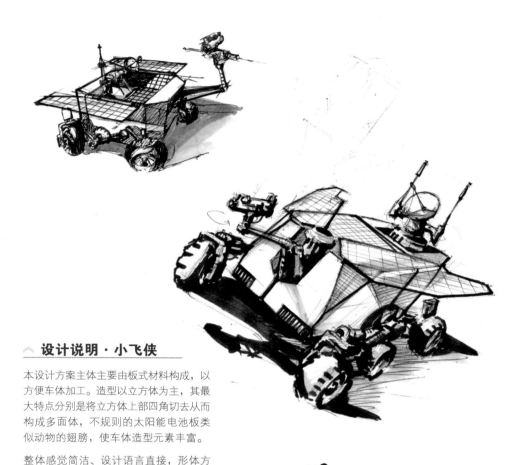

⌃ 设计说明·小飞侠

本设计方案主体主要由板式材料构成，以
方便车体加工。造型以立方体为主，其最
大特点分别是将立方体上部四角切去从而
构成多面体，不规则的太阳能电池板类
似动物的翅膀，使车体造型元素丰富。

整体感觉简洁、设计语言直接，形体方
正，线条硬朗，体量较大，给人感觉坚
实强悍，充满探索未知的勇气和力量。

⌄ 设计说明·麒麟

本方案以长方形箱体为基本形，主体由
几个大的平面构成，其主要特点是单独
为摄影头设计了凸出来的箱体，配以不
同大小的车轮，使车体造型富有变化。
造型语言简单，功能感强。

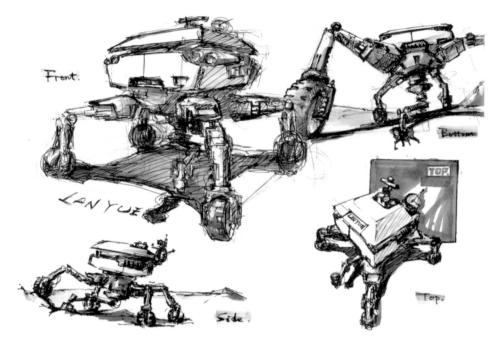

⌃ **设计说明 · 夜叉**

本方案主要特点是突出的车轮臂，给人感觉车体威猛、具有攻击性，同时具有越野能力以及优异的通过性。车体比较紧凑，功能感极强。

⌖ **设计说明 · 铁甲**

本方案主要特点是左右两边各有一个机械臂以及太阳能电池板的开启方式、安置位置，同时配以不同大小的车轮，使得车体造型变化丰富。造型语言简洁，功能感强。

设计说明 · 玄武

本方案主要特点是像陆地战车似的车体造型，车体
侧面带有折面，车体前端两侧切角处理，整个车体
是一个多面体形态，线条平直、干净利落，配以不
同大小的车轮，使得车体造型变化丰富。

设计说明 · 吴刚

本方案主要特点是太阳能电池板的开启方式，车体以长方体为主，配以切边，使得车体造型简洁，容
易加工，实用性强，充满现代感。

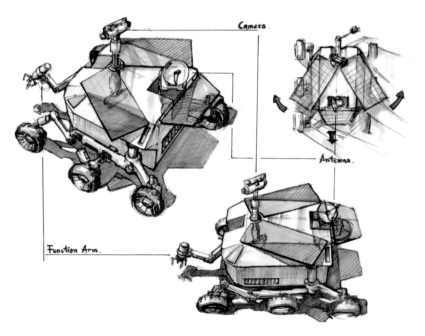

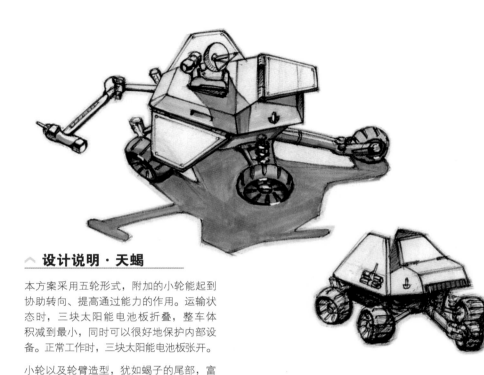

⌃ 设计说明·天蝎

本方案采用五轮形式，附加的小轮能起到协助转向、提高通过能力的作用。运输状态时，三块太阳能电池板折叠，整车体积减到最小，同时可以很好地保护内部设备。正常工作时，三块太阳能电池板张开。

小轮以及轮臂造型，犹如蝎子的尾部，富有攻击性，象征着一种勇往直前的精神。

⌖ 设计说明·旋风小子

本方案车体采用切边式设计。四个角上的车轮均可实现转向功能。两块太阳能电池板平推式开合，结构简单可靠。机械臂和摄像机分别在前部的左右端。整体小巧紧凑，给人以轻盈灵动的感觉。

⌖ 设计说明·大力水手

本方案以可实现性为出发点，保持车体为最基本长方体，同时考虑太阳能电池板的排布。悬架部分由众多杆件组成，完全外露，展示了金属的力量感。而方正宽大的车体显得更加稳重。

设计师想过各种移动形式，履带可以通过松软的沙地，但是出现卡滞后，没有办法派人去修理。还有一种是腿式，就像人类这样行走，但是极端条件下，全系统断电，再站起来会比较困难。最后选择了轮式，车轮是人类最伟大的发明之一——自然界中生物有许多值得人类学习、仿生的技能，但是没有哪种生物直接长得像个车轮。

接下来的设计工作，就不是在宣纸上了，而是利用计算机三维造型软件，集成不同方案的优点，形成各种创新构形方案。

月球车三维造型组图

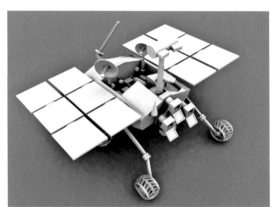
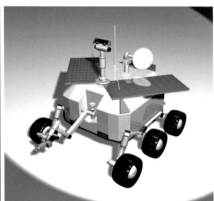
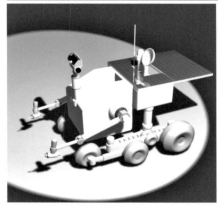

在设计过程中，也走过弯路。比如，曾设计过像法拉利跑车那样的流线型，后来发现月球车跑不快，更重要的是月球表面没有风。还考虑过变形轮，平地时可以走得快一些，遇到障碍再把车轮收小，由于担心车轮被石块卡住，没有被采纳。

跑车造型　　　　　　　　　　　变形轮造型

月球车原理样机设计演化过程

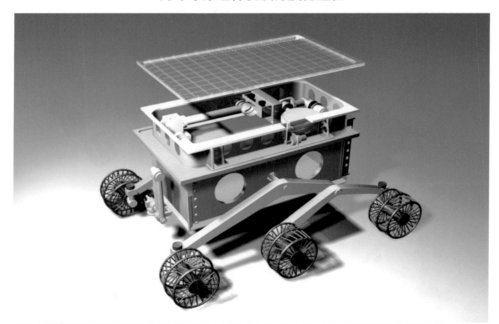

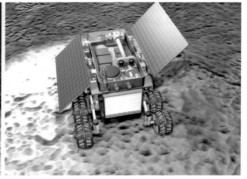

　　在综合这些方案的基础上，2006 年，团队研制了一辆原理样机，所谓原理样机就是已经具备了月球车的所有功能，但是还不能上天，因为它的元器件是普通的电子元器件，还经受不住空间环境的考验。通过在原理样机上开展大量试验，掌握了设计月球车需要解决哪些技术问题，设计团队有信心承担月球车的型号研制任务了。

月球车原理样机

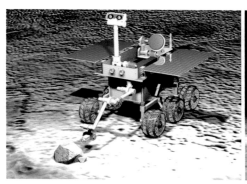

月球车原理样机外场试验

进入型号研制阶段之后，根据需求的变化，对月球车的构形细节进一步进行调整。如果仔细对比不同阶段月球车的设计图，会发现它经历了一系列的演化过程：车体上方增加围栏；车轮间连接的方式发生变化；太阳能电池板从两个都可收拢变为一个可收拢另一个一次性展开；天线与桅杆合二为一……这些变化，有的是为了把月球车工作时产生的热量散掉；有的是为了保证月球车前进时越过的障碍，在需要后退时也能通过，以确保安全；还有的是为了减重……

月球车原理样机参加珠海航展

设计师们为月球车设计了 8 种姿态。发射时处于收拢状态；行驶到月球表面之前，展开太阳能电池板和桅杆；在月球表面移动时，把后面的天线展开，就像京剧演员的翎子；探测时，把机械臂投放出去；为了与地球通信，需要倒下桅杆；充电时，太阳能电池板正对太阳；进入月夜时，把太阳能电池板收拢，相当于给月球车盖上被子；最后一种构形，实际上没用到，在月球的中午，月球车上的设备太热，可以竖起太阳能电池板遮阳，因为没有出现高温的情况，所以没用到这种构形。

　　五年之后，玉兔二号来到月球背面，这是月球背面这片亘古荒原上首次留下人类活动的道道车辙。国际天文学联合会随后将嫦娥四号着陆点命名为"天河基地"，将着陆点周围呈三角形排列的小环形坑分别命名为"织女""河鼓"和"天津"，将着陆点所在冯·卡门坑内的中央峰命名为"泰山"。

玉兔号月球车
中的化学元素

在化学教科书中，都附有一张"元素周期表"。1869年，俄国化学家门捷列夫将化学性质相似的元素放在同一纵列，编制出第一张元素周期表。这张表揭示了物质世界的秘密，把一些看起来似乎互不相关的元素统一起来，组成了一个完整的自然体系。

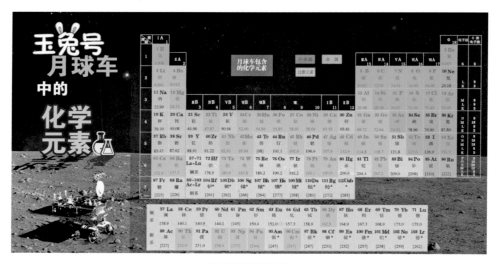

化学元素周期表

玉兔号月球车和人体一样，也是由各种主量元素和微量元素构成的。仔细考察月球车，看看它是由哪些元素组成的？分别起到了什么作用？下面按照化

14

学元素周期表的次序，也就是按照元素质子数进一步了解它。

氢（H） 氢是一种化学元素，在元素周期表中位于第一位。它的原子是所有原子中最小的。氢通常的单质形态是氢气，它是无色无味无臭、极易燃烧的由双原子分子组成的气体，也是最轻的气体。人类不可缺少的水就是由氢和氧组成的。在月球车中，广泛使用了大量有机物，一般都含有氢，包括胶、聚酰亚胺膜、聚酯膜等，氢是月球车的主量元素之一。另外，在运载火箭中，也会大量使用液氢作为火箭发动机的燃料，获得高比冲。

运载火箭使用液氢作为燃料（摄影　喻菲）

氦（He） 氦为稀有气体的一种。元素名来源于希腊文，原意是"太阳"。1868 年，天文学家利用分光镜观察太阳表面时，发现一条新的黄色谱线，并认为是属于太阳上的某个未知元素，故名氦。氦在通常情况下为无色、无味的气体，氦是唯一不能在标准大气压下固化的物质。氦也是最不活泼的元素，基本上不形成什么化合物。由于氦气密度低，而且性质稳定，在月球车的机构试验中，常利用氦气球实现月面的低重力模拟。另外，还经常利用高压的氦气，使推进剂有效排出。

氦气球

锂（Li）　锂是一种银白色的金属元素，质软，是密度最小的金属。锂与生活日用息息相关，个人携带的笔记本电脑、手机、蓝牙耳机等数码产品中，应用的锂离子电池就含有丰富的锂元素。月球车的蓄能，也采用了锂离子蓄电池，因为这种电池具有环境适应能力强、比能量高等突出特点。曾经为了进

锂离子蓄电池

一步减轻机箱的重量，设想采用镁锂合金，但是由于稳定性等原因，月球车上最终没有使用。

铍（Be）　铍是一种灰白色的碱土金属，铍及其化合物生产过程有剧毒。铍既能溶于酸也能溶于碱液，是两性金属，主要用于制备合金。月球车机械臂上的探测设备粒子激发 X 射线谱仪，在月面上探测月壤、岩石的主量元素成分，为了让 X 射线顺利出射，同时保证核源在使用过程中不发生放射性沾染，在放射性活性物质外面使用了铍窗，保证操作人员的安全。

硼（B）　单质硼为黑色或深棕色粉末，在空气中氧化时由于三氧化二硼膜的形成而阻碍内部继续氧化。硼化合物的发现和使用最早可以追溯到古埃及，古埃及制造玻璃时已使用硼砂作熔剂。月球车散热使用的二次表面镜（OSR），其实就是硼酸硅玻璃，在月面工作时，通过它把设备工作时产生的热量排散到车外。

月球车顶面的 OSR 中含有硼

碳（C）　碳是一种很常见的元素，它以多种形式广泛存在于大气和地壳之中，石墨、金刚石的成分都是碳，是不同晶格表现不同性质的范例。碳单质很早就被人认识和利用，碳的一系列

化合物——有机物更是生命的根本，生物体内很多种分子都含有碳元素。在月球车中，机构使用的各种牌号的碳钢、不锈钢均含有碳。在结构、太阳能电池板基板、部分设备机壳中更是广泛使用了碳纤维，利用的就是碳纤维优异的力学性能。月球车引进的同位素热源利用石墨作为意外情况的烧蚀材料。在导线、插头绝缘层中使用的大量有机物质，也都含有碳，其是月球车的主量元素。

氮（N） 氮是空气中最多的元素，在自然界中存在十分广泛，在生物体内亦有极大作用，是组成氨基酸的基本元素之一。月球车的两相流体回路，作用是在月夜低温时，将同位素热能引入舱内，保持设备的温度符合要求，传热的工质氨中，就含有氮。

车尾部热源的能量引入车体需要氨工质

氧（O） 氧是地壳中含量最丰富、分布最广的元素，质量含量为 48.6%。单质氧在大气中体积分数占 21%。在月球车的有些物质中，也含有氧，例如电路板通常采用的覆铜箔环氧玻纤布层压板中就含有氧。

氟（F） 淡黄色，有毒，腐蚀性很强，化学性质很活泼，可以和部分惰性气体在一定条件下反应，是制造特种塑料、橡胶和冷冻剂（氟氯烷）的原料。月球车热控用的隔热垫、电缆绝缘层中使用的聚四氟乙烯中就含有氟，利用的是这种材料良好的耐高低温性能，以及绝缘、隔热性能。此外，还利用其摩擦系数低的特点加工机构密封垫圈，解决月面防尘问题。

镁（Mg）　是一种银白色的轻质碱土金属，化学性质活泼，具有一定的延展性。镁元素在自然界广泛分布，是人体的必需元素之一。为了给月球车减重，部分设备机箱使用了铝镁合金，以镁为主要添加元素的铝合金，抗蚀性好，导热性能和强度尤为突出。

铝（Al）　银白色轻金属，有延展性。铝元素在地壳中的含量仅次于氧和硅，居第三位，是地壳中含量最丰富的金属元素，应用极为广泛。月球车广泛使用各种铝合金作为结构材料，例如结构板内部的铝蜂窝，利用的是铝合金比刚度、比强度方面的优势。铝是月球车的主量元素之一。

铝蜂窝

硅（Si）　硅是极为常见的一种元素，然而它极少以单质的形式在自然界出现，而是以复杂的硅酸盐或二氧化硅的形式，广泛存在于岩石、砂砾、尘土之中。在地壳中，它是第二丰富的元素，构成地壳总质量的 26.4%，仅次于氧。电子元器件中含有大量的硅，月球车中还广泛使用硅橡胶、导热硅脂实现固定、填充、导热作用。

磷（P）　单质磷有几种同素异形体。其中，白磷或黄磷是白色或淡黄色的透明结晶固体，放于暗处可见磷光发出，有恶臭，剧毒。黑磷略显金属性。红磷是红棕色粉末，无毒，着火点 240 摄氏度。火柴中就含有磷。在自然界中，磷以磷酸盐的形式存在，是生命体的重要元素。在月球车中，利用三结砷化镓太阳能电池将太阳能高效地转化为电能，其中一结的成分是 $GaInP_2$，含有磷元素。

硫（S） 一种非金属元素，单质硫是一种非常常见的非金属，纯的硫是黄色的晶体，又称作硫磺。在自然界中它经常以硫化物或硫酸盐的形式出现，在火山地区，纯的硫也在自然界出现。它是多种氨基酸的组成部分。月球车的蓄电池组就是 Li/SOCl$_2$ 电池，由锂负极、碳正极和亚硫酰氯（SOCl$_2$）电解质组成。固体润滑材料二硫化钼中也含有硫。

氯（Cl） 一种非金属元素，卤族元素之一。氯气常温常压下为黄绿色气体，化学性质十分活泼，具有毒性。氯以化合态的形式广泛存在于自然界当中，在月球车蓄电池中，亚硫酰氯既是电解质，又是正极活性物质。

氩（Ar） 单原子分子，单质为无色、无味的气体。是各种稀有气体中在空气中含量最多的一种。月球车不锈钢氩弧焊的焊接过程中使用大量的氩气，用作保护气体。

钛（Ti） 一种金属元素，可在氮气中燃烧，熔点高。钛和以钛为主的合金是新型的结构材料，由于其具有稳定的化学性质，良好的耐高温、耐低温、抗强酸、抗强碱性能，以及高强度、低密度，而被美誉为"太空金属"。钛是月球车的主量元素之一。在移动机构中作为结构材料、紧固件，利用的就是钛合金的优良性能。

铬（Cr） 银白色金属，质硬而脆。自然界中主要以铬铁矿形式存在，属于分布较广的元素之一。铬可用于制不锈钢，作为现代科技中最重要的金属之一，以不同百分比熔合的铬镍钢千变万化，种类繁多。月球车的多种不锈钢零件中，均含有铬。

锰（Mn） 银白色金属，质坚而脆。在空气中易氧化，生成褐色的氧化物覆盖层。锰最重要的用途就是制造合金——锰钢，高锰钢既坚硬又富有韧性，而且很易进行各种加工，在月球车零件中有使用。

铁（Fe） 一种光亮的银白色金属，生活中常用的金属，是地壳含量次高的金属元素。有好的延展性和导热性，也能导电。若有杂质，在潮湿的空气中易锈蚀。人类最早发现的铁源自于天空落下来的陨石。月球车的机构中使用的不锈钢等零件，主要成分是铁。粒子激发 X 射线谱仪中使用 4 枚铁 55 作为激发源，用于探测月表主量元素。

　　钴（Co）　钴是具有光泽的钢灰色金属，比较硬而脆，有铁磁性。月球车上没有直接利用钴，但是在地面进行电子元器件的粒子辐照试验时，需要用到钴 60 辐射源。

　　镍（Ni）　近似银白色、硬而有延展性并具有铁磁性的金属，它能够高度磨光和抗腐蚀。镍属于亲铁元素，在地球中的含量居第 5 位。月球车的不锈钢零件中就含有镍，用于提高其耐腐蚀能力。

　　铜（Cu）　呈紫红色光泽的金属，是人类最早发现的金属之一，稍硬、极坚韧、耐磨损，还有很好的延展性，导热和导电性能较好。月球车的电缆导线芯中就含有铜，利用其良好的导电性能。在一些需要良好热传导的位置，安装了铜条导热。

铜材零件

　　镓（Ga）　镓是灰蓝色或银白色的金属。熔点很低，但沸点很高。纯液态镓有显著的过冷的趋势，在空气中很稳定。镓主要用于电子工业和通信领域，在月球车中的典型应用是光伏能量转换中的砷化镓材料。

　　锗（Ge）　一种灰白色的类金属，就其导电的本领而言，优于一般非金属，劣于一般金属，这在物理学上称为"半导体"，对固体物理和固体电子学的发展有重要作用。三结砷化镓太阳能电池中使用了锗。

　　砷（As）　砷是一种以有毒而著名的类金属，并有许多的同素异形体。砷元素广泛地存在于自然界，在古代，三氧化二砷被称为砒霜。三结砷化镓太阳能电池中使用了砷。

　　铌（Nb）　一种金属元素，能吸收气体，也是一种良好的超导体。铌钨合金是以铌为基加入一定量的钨和其他元素而形成的铌合金，钨和铌形成无限固溶体，美国航天飞机蒙皮就采用了铌钨合金，在航天器的一些耐高温场合经常用到。

钼（Mo） 银白色金属，硬而坚韧。在航天工业中，二硫化钼是重要的固体润滑剂，适用于高温、高压、高转速、高负荷的机械工作状态，可以延长设备寿命。月球车机构中，使用了二硫化钼作为固体润滑材料。

铑（Rh） 银白色金属，质极硬，耐磨，也有相当的延展性，属于贵金属。月球车同位素热源中，利用铂铑合金做成包壳，保证放射性物质在极端高温条件下，也不会泄漏到生物圈。

银（Ag） 一种银白色的贵金属，性质稳定，质软富有延展性，导热、导电率高。在月球车的 F46 热控涂层、导线、焊料中均有应用，主要是利用其良好的导热、导电性能。

镉（Cd） 银白色有光泽的金属，有韧性和延展性。镉的毒性较大，被镉污染的空气和食物对人体危害严重，在日本曾出现源于镉中毒的"疼痛病"。在月球车粒子激发 X 射线谱仪中，激发 X 射线时用到了 4 枚镉 109 同位素核源。是月球车的微量元素。

铟（In） 银白色并略带淡蓝色的金属，质地非常软，能用指甲刻痕。铟的可塑性强，有延展性，可压成片。在航天器中，使用铟箔填充设备与安装板之间的间隙，以获得良好的导热。月球车的三结砷化镓太阳能电池中使用了铟。

锡（Sn） 一种有银白色光泽的低熔点金属元素，是大名鼎鼎的"五金"——金、银、铜、铁、锡之一。早在远古时代，人们便发现并使用锡了，我国周朝时，锡器的使用已十分普遍了。月球车在焊接过程中广泛使用了锡铅焊料。

碲（Te） 碲的两种同素异形体中，一种是晶体的碲，具有金属光泽，银白色，性脆；另一种是无定形粉末状，呈暗灰色。它是一种非金属元素，可它却有十分良好的传热和导电本领。在所有的非金属同伴中，它的金属性是最强的。月球车携带的科学仪器中，有一种叫做红外光谱仪，就利用了二氧化碲制作的红外探测器，碲算是月球车的微量元素。

氙（Xe） 非金属元素，无色、无味，是惰性气体的一种。它具有极高的发光强度，在照明技术上用来充填光电管、闪光灯和氙气高压灯。月球车地面试验的过程中，也使用了氙灯，因为其光谱与太阳光谱相近。

月球车地面试验月壤模拟效果

地面试验

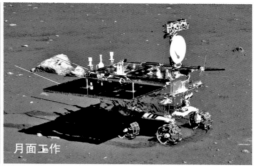
月面工作

　　"月球车地面试验月壤模拟效果"显示了地面试验中使用的模拟月壤,以及玉兔号月球车真实月面上工作时的情景,地面上开展的月壤模拟效果与月球表面实际情况比较接近。

月球车外场试验为什么选在沙漠地区？

　　月球车研制完成后，还不能直接送上天，这里面有两个原因。一个是月球表面的环境十分恶劣，着陆点中午的温度最高为 90 摄氏度，夜晚低至 −190 摄氏度。另一个原因就是不可修复，如果在月面发现问题，能够采取的手段有限。因此必须在地面开展充分的试验进行验证。

　　有一类试验，各种航天器都要做，不赘述。还有一类月球车的特殊试验，叫专项试验，下面着重介绍的就是月球车外场专项试验。

　　外场试验的主要目的是检验月球车在未知环境中进行长距离巡视探测的能力，确认工作程序的正确性，测试地面遥操作工作流程。由于这次试验是我国首次在沙漠无人区进行月球车的综合性能测试，难度很大。在试验过程中既涉及航天产品的性能保证、长距离运输，又涉及地面控制系统在野外地区能否稳定工作，还有试验后勤保障工作的方方面面。

　　选择试验场最主要的考虑因素就是试验区场景单调，试验场应为野外开阔地，表层土壤干燥，具有一定的石块、风化的碎石和尘土，地形地貌与月表地形地貌分布尽量接近，无明显植被覆盖，无较大的对比度差异。

　　这首先是因为月球经过长期风化，形成了单一稳定的地形，而且月球上没有风、水，导致地形场景单调，不像地球地形地貌那样丰富多彩。符合这个条件的地区，最容易想到的就是西北的沙漠、戈壁。实地勘探后发现，也不是所有的沙漠地区都符合条件，有的沙漠零星分布着耐旱植物，这对月球车通过图像恢复地形信息会产生影响，还有的沙漠地区沙丘巨大，与月球表面的地形差异很大，人工平整工程巨大。负责月球车试验的技术人员在敦煌西北200公里处发现了符合要求的沙漠地形。

其次要考虑的因素是试验区域气候条件干燥，年平均降水量要低于10毫米，避免沙子因水板结，不是所需要的离散状颗粒，这一点敦煌附近的库姆塔格沙漠也符合要求，这里经常数月不见降水。

再次，试验区每月风力低于4级日数不小于20天，保证试验不会经常因为大风而终止。实际上库姆塔格沙漠属于大风区，平均每年8级以上大风占了100天，这一点不符合要求。可是细心的技术人员仔细研究后发现，在要开展试验的10月，这里却是难得的静风季节，平均风速小于3级，这时候来这里做试验，气候条件适宜。

还有一些次要的条件也需要满足。比如，试验区域距离国家二级公路的直线距离不超过10公里，保证车辆能够顺利进出试验场；紧急医疗需要时，试验现场至二级医院用时不超过2小时；试验场位于气象雷达的覆盖区域内，能够进行及时准确的瞬时天气预报；试验场内不存在具备攻击性的野生动物，确保试验队员的生命安全；试验场附近人口密度小，保证试验过程不受打扰。

负责月球车试验的技术人员正是基于这些考虑，把月球车的外场试验场选在了敦煌西北的库姆塔格沙漠。通过31天的艰苦试验，任务规划、月夜停靠、短距离移动、全周期任务演练等所有的工况都顺利完成了，UHF频段的通信试验也取得了满意的结果，记录了大量测试数据，大家的努力换来了丰硕的

月球车外场试验

成果。

　　当年进行试验的地方，还保留着模拟月球的石块、陨石坑，望舒村中还有试验队员居住的板房，有机会可以去看看改造后的望舒村，月球车就是在那里经过了严格的测试之后，被送上月球的。

望舒村现状

漫漫大漠深处
幽幽探月真情

　　国庆长假前夕，由九辆汽车组成的产品运输车队从北京航天城出发，悄悄地向西北大漠深处进发。几天之后，又有几十名试验队员中断假期，踏上了奔赴库姆塔格沙漠的征程。二十几家单位的一百多名试验队员在距离敦煌二百多公里的罗布泊沙漠地区会师，就这样月面巡视探测器的外场试验拉开了序幕。

征程（摄影　陆岩）

车队进场（摄影　严梗林）

　　月面巡视探测器就是俗称的"月球车"，发射巡视器实现在月面的探测，通过它能够拓展探测范围，开展许多有针对性的探测任务，比如测量月壤的厚度，分析岩石中矿物的成分，获得地形地貌信息，扩大人类对月球的认知程度。

　　虽然我国航天事业已经走过了几十年的光辉历程，但是研制巡视器还是第一次。为了确保任务的完成，巡视器的设计师决定开展多项地面试验，进行充分的验证，外场试验就是其中最重要的项目之一。

外场的选址

　　其实外场试验的准备工作几年前就开始了，首要的任务就是外场选址。

　　负责选址的技术人员具有丰富的军品试验保障工作的经验，曾经为神舟飞船等型号的试验工作服务，首先对试验的要求进行了分析，通过地图、地理资料，分析国内可能符合要求的试验地点，缩小选点范围，还到中科院寒旱所、甘肃气象局等单位实地调研，尽可能多地了解西北地区各个沙漠的情况。

　　最初选址工作集中在兰州附近的沙漠地区，包括武威、中卫等地，但是这里降水偏大，人口密集，不利于试验工作的开展，而且沙漠中的植物偏多，从地形地貌的角度看，不符合模拟月面的要求。技术人员只好进一步扩大寻找范围，找来了西北各省的地图，一点一点地排查，直到从气象资料上分析出库姆塔格沙漠地区年降水量只有不到 10 毫米，东北部沙丘上无任何植物生长，大家的眉头才舒展了一些。选址的车队很快就来到了敦煌，党河水库的两岸、南湖村边的苍凉河床、雅丹附近的沙漠都留下考察队员的足迹。在每个候选场区，照相、测图、土壤取样、GPS 定位，努力了解当地的所有信息，以供决策参考。

综合气候、植被、土壤力学性能、试验保密、生活保障等各个方面，提出了三个候选试验地区，经过专家评议，最终决定在库姆塔格沙漠与罗布泊交界的阿克奇谷地附近进行外场试验。

▎ 周密的策划

更细致的工作随后展开，外场距离最近的居民点有 130 公里，距离城市 200 多公里，各种保障极其困难。巡视器的设计师队伍进行了无数次讨论，试验大纲确定了，试验工况明确了，产品参试状态确定了，位置与姿态的测量系统调试完成了，试验保障车辆也验收了，几百页的测试细则也编写完成了，备份的手段能加的都加上了，可是这些能保证外场试验的顺利进行吗？试验技术指挥的心里还是不踏实，提出了在北京进行预试验的要求。

预试验进行了五天，把在外场要用到的功能均测试了一遍，果然发现图像的长线数据传输还存在风险，紧急加工了专用的短电缆，彻底排除了这个隐患。

所有的产品、设备、工具、耗材，都分门别类装箱，整整两个大集装箱，三个小集装箱，再加上生活用品，九辆汽车被装得满满当当。所有物品都列出了清单，便于查找，一直到外场试验结束，所需要的上千种物品无一遗漏，没有从北京应急送一样东西。

▎ 外场建设

外场建设工作开始了，虽然准备了各种预案，但是还是遇到了没有想到的困难。

到达试验场最后的 8.5 公里是没有路的，有的只是漫漫的沙丘，间或在谷地中有几根枯死多年的芦苇，越野车通过没有问题，但是吊车、叉车、载重货车根本无法通过，工程车辆进不去，所有的工作都是空谈。

外场建设队伍与当地的向导、民工一起开始修路，晚上住在帐篷中，无法生火做饭，只能靠吃干粮坚持，经过一周的努力，沙丘被铲平了，沙子被夯实了，一条蜿蜒的小路通向了试验场。

路

第一辆大车顺利通过，第二辆大车则陷在沙子里，大家紧急将容易陷车的路段都铺上了草垫，车辆顺利通过，解决了问题。可是第二天早上草垫被风吹到了1公里外的沙坡上。后来想到的办法是从地下抽取盐碱水，洒在路上，沙路变得像水泥一样坚硬，通往试验场的小路再也没有中断过。

帐篷

试验场

丰富的业余生活

不可否认，大漠中的生活是枯燥的，天黑之后无法进行试验，除了夜间职守的队员以外，一百多名试验队员的业余生活是一个大问题。

试验队提前进行了周密的安排，首先在建设期间购置了两套卫星电视系统，保证大家能够看到十几个卫星频道。

为了让大家了解周围的环境情况，试验队编制了一期名为"望舒"的墙报，包括当地的风土人情、著名景点、历史传说，以及在沙漠中生活的注意事项等。

这里的晚上天空晴朗，没有灯光的污染，是观星的好机会，满月的时候，试验队组织大家观看了月球的环形山、月海，看我们要探测的虹湾，还看了木星及其四颗伽利略卫星，后来更有队员拍摄了许多星空的照片。

试验队还组织了几次讲座，摄影讲座介绍了外场拍摄的照片的优缺点，介绍构图、测光的基础知识，现在数码热、旅游热，听讲座的年轻人很多，讨论得很热烈。

还有一次讲的是自驾游的体会，从衣、食、住、行、游五个方面介绍了主讲人多年积累的经验和教训，还重点介绍了路书编制的注意事项，也得到了积极的反响。

最火的一次讲座是当地向导段老师讲的"罗布泊的故事"，他具有很多次罗布泊、库姆塔格沙漠地区探险的传奇经历。尤其是几年前，产生广泛影响的寻找彭加木事件，他是重要的当事人。这次也是给他一个机会，把当年的事实仔细说明。

老段成了试验队最受欢迎的人，明天什么天气问老段，哪段雅丹最适合拍照问老段，偶尔出现的动物脚印是谁的也要问老段，试验队里最令人信服的话，都是因为那是老段说的。

段师傅熟悉沙漠的环境，每次出去都能带回来几块石头给队员做纪念，他说这就是著名的风淋石，是风吹砂粒长时间雕刻出来的。有的石头被雕刻出细小的空洞，很像月球的环形山；有的被雕刻成大象、小狗等动物的样子；还有的色彩纯净，更像是从阿尔金山飘来的一块美玉。

遥操作分队负责组织了热闹的双升扑克比赛，四十多人参加，拼搏了三个轮次，才决出了最终名次。那一晚大家过得特别开心，因为每个队员都得到了一块风淋石作为奖品。

摄影比赛是试验队组织的规模最大的一次活动，历时十多天。共征集了35位队员的134幅作品，这些作品从外场建设、队员进场、试验过程、后勤保障、业余文化生活等不同视角选材，主题鲜明，技术娴熟，反映了试验队员对探月工程的支持、对工作的热爱、对美好生活的渴望，成为外场丰富多彩的文化生活的亮点。

经过大家投票，获得金奖的作品是《外场全景》《沧桑》，在颁奖晚会上，总指挥亲自为金奖获得者发奖，同时勉励大家在困难条件下，工作好、学习

外场全景（摄影 李浩）

好、生活好。

沧桑（摄影　李浩）

尤其是作品《沧桑》，得到了队员们一致喜爱，作品反映的是外场建设期间，条件简陋、气候炎热干燥、用水困难的情况下，建设团队克服困难，争取时间完成外场建设的工作背景。照片中的人物口唇干裂，从那期盼、坚毅的眼神中，看到了他把外场建设好的决心和对试验队员早日到来的期盼。

试验队为了增加试验场的文化气息，在试验区立了一块石头，上书"外场"，在生活区树立了一块漂亮的石头，上面写着"望舒"两个字。给我们的场区起名望舒村，是因为望舒是为月亮驾车的女神，典出《楚辞·离骚》"前望舒使先驱兮，后飞廉使奔属"，而我们自诩是现代为月亮造车、驾车的人。

村口见不到一棵草，大家从远处运来了一棵胡杨，寓意不屈不挠、上下求索的精神。树上的 6 个指向牌标出了外场到祖国六个城市的距离，因为 150 名试验队员来自这六个地方。树梢向上一块指向牌，上面写着：月球，38 万公里。

每当有队员离开的时候，大家都在村口照个不停。外场的一面红旗上，留下了每位试验队员的名字，记录这里留下的每个队员的心血和汗水。

望舒村口（摄影　陆岩）

望舒村

▌花絮

除了正常总装的工作，总环部团队有一项辛苦的工作，就是建立试验场的外测手段，每天晚上他们都要工作到半夜，利用天黑之后的几个小时，通过北极星建立外场的方向基准。被大家戏称为白天忙得找不到北，晚上只好继续加班找北。

试验队里最受欢迎的声音，来自厨房的服务员，每天三次，她嘹亮的一声"开饭了"，能在厨房门口瞬间建立一道人墙，可以兼作闹钟使用。也是她每天向调度了解哪些队员还在加班，什么时候回来，保证队员回来前，饭菜已经准备好。

厨房的康师傅人缘最好，他的兰州拉面是最受欢迎的美味。准备拉面之前，试验队专程从敦煌运来牛棒骨，要煮上四个小时，面也要醒得恰到好处。由于是现场制作，吃拉面的时候，厨房门口的队伍总是排得最长，师傅做得满头大汗，一边问你要粗的还是要细的，一边自言自语"这拉面就是要快"。

康师傅（摄影　严梗林）

一天晚上，试验队正在开会，段师傅接到电话，说距离我们不远的罗布泊腹地，两辆越野车组成的穿越队伍发生了翻车、撞车事故，一辆车已经无法行驶，请求援助。救人要紧，试验队紧急派出了一辆车，两个多小时后赶到现场，将不能行驶的车辆导出。类似这些都成为试验队进行安全教育的案例。

在黄昏光线柔和的时候，队员们喜欢来到附近的雅丹地貌，拍上几张落日的照片。这里是我国三大雅丹地区之一，著名的景观包括"孔雀台""舰队出海"等，在摄影杂志上经常能见到这里漂亮的雅丹地貌的图片。

期盼成功

历时一个月的外场试验结束了，大家又回到了各自的岗位，在那片大漠的深处，不仅收获了试验数据，对巡视器的研制更有信心了，而且收获了友谊，收获了欢乐，留下了美好的回忆，播种了希望和祝福。

外场散记

　　2011年10月，为了试验第一辆月球车，全国多家单位组成的试验队在甘肃省库姆塔格沙漠进行了为期一个月的外场试验。库姆塔格沙漠位于敦煌市西北方向，地跨甘肃省和新疆维吾尔自治区，西邻罗布泊东缘。试验场选址在雅丹国家地质公园界内，距离敦煌市二百多公里，深入沙漠腹地。前期的开拓者在无人区营建了临时的营地，工作环境和生活条件虽然艰苦，但物资充足、设施完备，试验得以顺利开展。

　　回想那段经历，总觉得带有几分传奇色彩。严酷的环境、奇异的风光、开创性的工作、难忘的生活，所有这些仍历历在目，顺着笔尖流淌而出，献给第一批迈进沙漠的开拓者，还有那些为了踏上更加遥远的陆地而不懈努力的先驱们。

▌行

　　十一假期还没有结束，凌晨五点的城市尚未苏醒，试验队已经集结完毕，星夜启程。由北京飞往敦煌的班机在西安中转，午饭时间集体到机场餐厅吃自助。每个人都很珍惜城市中最后的午餐，榕总几乎把菜单上的各种面条依次品尝了一遍，仿佛此后一个月的饭菜全要靠这记忆中的味道作调料。

　　飞机再次起飞后，脚下的景色变换成西部风光。祁连山的雪峰重重叠叠，秋日里一片苍茫。越过山脉再向西行，起伏的白色忽然变成无边的黑褐色，戈壁的荒凉虽然早有耳闻，但是亲眼所见仍让人心生绝望。继续向西，黑色又过渡成黄色，但那不是生命的色彩，反而更加单调乏味。在这次旅行之前，我从未意识到兰州到敦煌的距离几乎与北京到兰州的距离一样长。甘肃省的地域如此辽阔，古时的丝路是那样的漫长艰辛。不知所措之际，黄沙中闪出一片鲜嫩的绿，耀眼的阳光在镜子般的水面上滑行。压抑许久的心情一下子轻松舒畅，无需询问，所有人立刻明白，那就是敦煌。

走出机场，和兰州转机的另一队人马会合，在兄弟单位的接应下转乘大巴，马不停蹄地奔赴外场。车队穿过敦煌市区，刚刚驶出城外，绿色又立刻从视线中消失，戈壁再一次将荒凉真实而赤裸地展现在眼前。道路笔直地穿过荒原，沿途不时掠过一些标语，"节约用水，造福子孙""珍惜水源，爱护生命"是常见的内容。骆驼刺是路边唯一的植物，像寸头一样长在隆起的土包上，凭着强大的根系固守住自己的一方水土。

车队在暮色中经过雅丹国家地质公园。夕阳下，巨大的雅丹只留一个个黑色的剪影，巨兽一般潜伏在路边的荒野中。再向前，车队离开公路，沿着营地修筑的土路驶入沙漠。道路颠簸起伏，车辆几次陷进沙中。旷野漆黑寂静，沙土的味道从车窗涌入车内，呛得人喘不过气来。我们离文明社会越来越远，正一步步走向世界的尽头。虽然清楚野外生活只有短暂的一个月，并且后勤保障早已准备充分，心中却还是有些忐忑不安。这种不安本能地来自对黑暗的警惕、对自然的敬畏和对未知的恐惧，不知道前方等待我们的将是一段怎样的旅程。

住

来到外场以后，我才真正明白了房子是人类多么伟大的发明。车行在茫茫戈壁之上，极目远眺，目光没有落脚之处，心也随着车轮上下颠簸。直到远方闪出一点灯光，渐渐清晰明亮，终于变化成我们的营地。不曾想过北京各大工地常见的活动板房现在竟宛若桃源仙境，让人热泪盈眶。

营地建在缓坡环绕的谷地中，是南北走向的两排宿舍。南边是村口，北边由食堂和澡堂连在一起。沙漠中的营地好像海上的威尼斯，迈出房门便无处落脚。好在屋檐下有一条水泥砌成的过道，不必穿着高帮军靴去隔壁串门。刚到

最丰盛的要数手抓羊排，肉嫩汤美，十里飘香，在营地附近发现的狼的脚印不能排除与之有关。西北的面食是一大美味，食堂的面条是抢手的主食，每逢食堂走漏了做牛肉拉面的风声，大家都奔走相告，人人脸上洋溢着节日般的喜悦。拉面现场制作，每人每次限领一份，于是常有人充分利用规则，领完一碗后立刻转回队尾，不一会儿就又把油光锃亮的空饭盆递给大师傅，循环往复。在一个物质相对匮乏的环境里，人的食欲似乎特别旺盛，即使不饿也能吃下很多，长此以往，背上都要长出驼峰来。

然而物质是守恒的，排除体内杂质成为每日生活的大事之一。厕所设在宿舍西面三十米外的沙地里，如果是在月黑风高的深夜因为饮水过量辗转反侧，就必须下定决心披挂整齐，踏沙迎风，一气呵成，方能完成这项壮举。厕所专门进行了防风设计，门的内外两侧各有一道门栓，进去插里面的，出来插外面的。每次我在外面看到关紧但没有拴好的门时，都有顺手把它插上的冲动，因此每当轮到我呆在里面时，总是担心会有像我一样爱护公物的人从外面经过。在这样艰苦的环境里，厕所的卫生条件就不能奢求了。面对一排紧闭的门，仿佛抽奖一样难以抉择，因为你永远无法猜到选中的号码背后，会有怎样的大奖等着让你大吃一惊。为了避免中奖后受到惊吓，尤其是在那样月黑风高的夜里，于是就有豪爽之士在村头的胡杨树下纵情挥洒，险些将死后千年不倒的胡杨浇活。这种自发的环保活动直到村口竖起了摄像头后才告结束。不过在摄像头目力所及的狭小范围以外，在那些夕阳下流光溢彩的沙丘背后，在黑暗中广袤无垠的大漠深处，不知还有多少豪杰曾经留下过自己浓墨重彩的一笔。

▌玩

贾总曾经说过，他去外场最重要的任务是看住麻将和酒。虽然这两个项目没有在营地推广，但是追逐快乐的人们即使身处荒凉封闭的世界，也能寻找到生活中的无限乐趣。

太阳落山时分，劳作了一天的工友们陆续返回工棚。酒足饭饱以后，顾不上刷碗，各路牌局就迫不及待地开张了。组织者们四方游走，争揽客源。如果遇上三缺一，竞争可能上升到寻根问祖的高度，少林曾经因为拒绝了"保皇"邀请而丧失了山东人的身份。经过精心策划、统筹安排以后，战斗陆续打响。

有的房间灯影闪烁，硝烟弥漫，远观以为走水失火；有的房间金鼓齐鸣，喊声震天，仿佛上演战争大片，开门一看，配音的只有两位女博士。

试验队员来自五湖四海，各路打法花样繁多。技术含量最高的是桥牌，流行于部落高层中间。酋长们白天里阵前叫骂，晚饭后放马厮杀。有些涉世未深的热血青年贸然卷入部落冲突，不是遭敌军痛击，就是被友军误伤，落得体无完肤、片甲不留。相比之下，双升是普及率较高的大众娱乐，老少皆宜。营地举办过盛大的双升擂台赛，会议室里几十人促膝而坐，场面热烈火爆，恍惚间仿佛置身拉斯维加斯。牌桌之上千姿百态，有的冥思苦想，有的谈笑风生，输的面红耳赤，赢的得意忘形。大赛优胜者的奖品就地取材，每人颁发石头一块，名次越高分量越重，以冠军者为最，不知这是对他的奖励还是惩罚。其他各种民间打法更是不胜枚举，斗地主、敲三家儿、干瞪眼儿……三五人或十几人围坐一圈，人数、规则都不重要，道具只有纸牌，乐趣却在参赛队员彼此闹嚷之间。

除了娱乐项目外，营地的文化生活也是丰富多彩。试验队的向导老段是罗布泊的传奇人物。外场所在地已属罗布泊边缘，只有在世界尽头才能找到的冷酷仙境，老段算是这里的半个神仙了。然而罗布泊真正的仙人是彭加木先生，三十年前，他已从这里驾鹤西去。彭加木遗体的寻找曾经引发过一段风波，老段应邀为大家讲述了他亲身经历的那段历史和行走大漠的传奇故事。

讲述传奇故事的不止老段一位。贾总一家驾着黑马，多年来云游四海，遍访名山大川。贾总将丰富的旅行经验总结成一堂生动的自驾游讲座。从路书制定到酒店选择，从交通广播到孩子作业，事无巨细，包罗万象。不仅限于户外旅游，居家饮食、休闲养生、消费理财，均可从中受益。据说贾总家中墙上悬挂一幅地图，上面画满小旗，祖国山河已多半被他占领，如今连罗布泊这样的不毛之地也未能幸免。贾总夜夜秉灯观壁，思绪纵横千里，下一次的远征计划渐渐浮现眼前。

旅行中的一项重要任务是摄影，试验队中也不乏摄影高手。某日一场突如其来的沙暴拖延了半天工期，正好请余老师为大家举办摄影培训班。余老师从业多年，装备精良，长枪短炮一应俱全，让人不免产生仇富心理。然而器材带给她的主要负担不是资金，而是重量，虽然此类负担其实更多的是来自于她本人。课堂上，余老师从摄影理论到构图技法，娓娓道来，令人耳目一新，茅塞顿开。课后学员们跃跃欲试，纷纷拿出作业交流鉴赏。经过民主投票，选出优秀作品十余幅，由贾总召开隆重的颁奖典礼，展示创作，并一一品评。

文化活动之余，也要兼顾体育运动。沙漠里最普及的运动是走路，每日必修，全民健身。沙中行走仿佛练习跑步机，无论脚下怎样努力，目标始终遥不可及。初到外场，工地距离工棚仅有一二百米，情急之下如果借不到手纸，尚能挣扎着返回营地。随着试验进展，方舟上的人们随波逐流，最后已经漂泊到千米之外。环顾四野，黄沙漫漫，巨大的沙山横在面前，营地早已化作"海市蜃楼"。不过大家很快发现，不远处还有几座小沙丘似乎比较容易翻越，于是智慧的人们从此不再舍近求远。

另一项风靡一时的运动是由磊哥发起的。磊哥踏入这片混沌未开的世界，但见天地玄黄，宇宙洪荒，于是萌生了开疆拓土、改造世界的理想。不久以后，磊哥的第一锹沙打破了尘封千年的大漠。善良的人们赶来劝他："营地的供水虽然紧张，但还算够用，大可不必这样辛苦。"

"燕雀安知鸿鹄之志哉！"

一上午的功夫，地上就出现了一个半人多高、脸盆大小的沙井，四壁光滑，造型精巧。面对周围惊讶和崇拜的目光，磊哥耐心而专业地解释道："坑浅是因为口小。"

到了下午，已经有五六人挥舞着铁锹在拓宽沙坑的直径。挖掘的热情如燎原之火般迅速蔓延，几乎感染了所有男队员。无论是头脑发热自告奋勇的，还是被逼无奈忍气吞声的，全都在磊哥的鼓动和胁迫下强制劳动，再也没有片刻喘息。坑的规模不断扩大，建筑形式日趋复杂。最初的竖井延伸为护城河一样的沟渠，最后发展成镂空的地下网络。试验向前推进，人员被迫迁徙，尚未完工的杰作不得不半途而废。然而磊哥和他狂热的追随者们跟在车队后面，车轮停下的同时磊哥的铁铲已经入沙三分。天长日久，沿途布满各种陷阱，汽车经过时要像在驾校考试一样左右躲闪。遗憾的是直到试验结束，虔诚的"邪教徒们"始终没能为"教主"完成那座想象中的神圣"祭坛"，只留给了雅丹公园一片古怪离奇的地质景观。

　　磊哥考古发掘的无果而终暴露出风水知识的不足，而贾总桥牌事业的蒸蒸日上得益于夜观天象的启示。月圆之夜，贾总在村口架起天文望远镜，东方升起的一轮明月盈满镜头。大家轮流凑近目镜，从这边的外场遥望那边的外场，虽不能至，心向往之。余老师也支起三脚架对准东方，希望有朝一日能以这样的角度为我们送往远方的使者留影。明朗的月光周围，只有耀眼的木星璀璨夺目，自然不会被贾总错过。望远镜中的木星和它的四颗伽利略卫星整齐地排成一线，在我惊恐地以为看到了世界末日的凶兆时，先知的贾总安慰我说，那是由于它们都在同一个轨道面内运行。

　　星空不仅带给人们科学的启蒙，还展现出自然之美。城市的夜空暗淡无光，空气污染之外，更主要的原因是光污染。外场的月圆之夜，半边天空的星辰也隐藏在月光之下。耐心等待两周后，最后一弯月牙在浓浓夜色中融化，黑暗里唯一点亮的只有营地的灯光。刚到外场时贾总就约法三章，第一就是不得私自走出营地的视野范围，违者流放北京。但是为了那梦中的银河，只能铤而走险。晚饭后穿戴整齐，谢绝了各桌牌局，逃离尘世的喧嚣，走向未知的秘境。十月底的寒风来自冬天的国度，我却感谢它拂去浮云，擦亮一片纯净透明的天空。前方不远处，一些相思病患者正在用手机疗伤，屏幕散发的微弱光芒在黑暗中闪烁，仿佛狼群里的每个成员都眯起一只眼睛冲我扮着鬼脸。再往前，地势升高，手电照亮的狭小光斑里，脚印渐渐稀疏，最后只剩下穿行而过的车辙。四周安静得能听见风与沙粒的窃窃私语，心中有些忐忑不安，一边集中精力辨清方向，一边小心提防着狼和贾总在附近出没。爬上山顶回头望向营地，无边的夜色，灯火阑珊处，不知那是通往仙境还是人间的入口，黑暗与光明，分不清哪个虚幻、哪个真实。

　　翻过山坡，地势逐渐平缓。当营地发出的最后一丝光线消失在身后，夜幕上镶嵌的千亿颗恒星刹那间全部点亮，远方的星座盘旋回转，近处的星光扑面而来，我从未走进过如此巨大辉煌的殿堂。天鹅座飞过天顶时划出明亮的十字，仙后座醒目的 W 好像天上的路标。没有寻觅到镶着宝石的腰带，猎人在午夜以后才会匆匆赶来。北斗七星低低地悬挂在北方，在它之上，北极星如灯塔般屹立不动。西方地平线的轮廓依稀可辨，闪亮的银河从沙丘背后腾空而起，横贯天际。目光追逐着粼粼星光，从远方流向远方，直到脖子酸疼、头晕目眩，终于明白只有背靠沙地仰面朝天，才能将灿烂星河尽收眼底。此刻，父辈的回忆、儿时的梦境、忘却的信仰，重又回到身边，生活向我展示出真实可信的一面，纵然转瞬即逝，仍令我感到无尽的安慰和满足。

人物志（按照出场顺序，排名不分先后）

榕总

忙碌的工作养成了以零食代饭的习惯，真正的饭量其实很小。机场里的那几碗面条，榕总只是浅尝辄止，剩下的全都强迫我们吞下。提前回京也是迫于公务缠身，虽然走后留下的箱子空空如也，但我明白那绝不是弃我们而去的真正原因。尽管饮食习惯不良，榕总却保持着完美身材，抱娃以后反而更添风韵，魅力非凡。虽然同我们一样只拥有硕士学位，却是音量胜过两位女博士的唯一一人。

贾总

少时饱读诗书，老来行走天下。贾总兴趣爱好广泛，人文历史、地理博物、国粹艺术，都有很深的造诣。贾总极具人格魅力，是试验队的精神领袖。

少林

与我同居一室的舍友和并肩战斗的队友。作为标准的山东大汉，对米饭深恶痛绝，而对面条情有独钟，为人爱憎分明。身为磊哥老乡，在每个沙坑中都留下了辛勤的汗水。

两位女博士

工作中沉稳老练，生活中激情四射。每一位都具有声振屋瓦的实力。虽然活动板房的隔音效果很差，但那不是根本原因，换成微波暗室也是无济于事。

热血青年

自从外场归来，两人就潜心钻研桥牌技术，从理论知识到实战演练，逐渐成为活跃在工会比赛中的两颗新星。

易主任

作为分队队长，麾下将士无数。时常在夜深人静时率部潜入旷野找北。相比贾总的业余望远镜，易主任装备的都是专业仪器，配得上真正的星相大师。白天更加忙碌，在试验场各个角落埋下八卦阵，严禁触摸。如此渊博的学识却难以在牌桌的方寸之间发挥，也许这正是易主任的大智若愚之处。

老段

罗布泊土生土长的居民，一生传奇。少年时为了寻找水晶走入大漠，从此成为沙漠中的行者。从试验场选址到营地建设，再到试验保障和人员撤离，全程担任向导，功不可没。

余老师

其实也是八零后，乐观而执着。每天天不亮，余老师就把自己包成粽子，扛起相机小跑着冲上山坡，面朝东方守望曙光。如此大的运动量却没有把余老师累倒，粽子馅反而日渐饱满，令我钦佩不已。

磊哥

满腹经纶，文武双全。太平歌词倒背如流，轶闻野史脱口而出，田间地头行家里手，能够洞察计算机的心情，就连墨镜也是与众不同，堪称一代奇人。

（权爽　撰文）

外场

为月球车起名

　　"嫦娥三号"发射前，有关部门为月球车向全球征名。身为从事月球车研制工作的设计师，师傅们关心着它的一切，包括给它起个响亮的名字。在月球车的原理样机阶段曾经根据其六个轮子，以及桅杆、机械臂等特征，给它起了一个轻巧灵动的名字，叫"哪吒"，这次也有网友提出了相同的建议。

　　仔细统计这些建议，大致分为以下几类：

　　第一类，古代神话人物。由于嫦娥工程这个名称取自于古代神话，因此大家认为给月球车也取个神话人物的名称，也就很自然了。这些神话人物中，既有嫦娥的丈夫后羿，也有陪伴嫦娥的吴刚；既有广为人知的轩辕、盘古、女娲，也有不为大家熟知的常羲、羲和（为太阳驾车的女神）、望舒（为月亮驾车的女神）。还有网友建议的名称来自民间故事，包括悟空、八戒、牛郎等等，推荐天蓬的网友显然没有忘记那段故事。在这类名称中，最贴切的似乎是哪吒、精卫。在月球车外场试验的时候，试验场被叫做望舒村，后来月球车执行任务的时候，地面支持人员的岗位代字也是望舒。

　　第二类，寓意美好的词语。有很多网友希望给月球车起个吉祥、响亮的名称，也寄寓了对国富民强的期盼。这类名称很多，包括探索、和谐等。但是这其中有一些名称已经被其他航天器使用过，比如希望号是我国研制的一颗青少年科普星，和平号是国外著名的空间站的名字，显然都不能再采用了。这类名称中，师傅们最喜欢的名称是玲珑（李白有名句"玲珑望秋月"）。

第三类，含"龙"的词。因为龙是中华文化里的主要图腾，很多网友建议在名称中使用上"龙"字，比如龙翔、龙驭、龙腾、祥龙、玉龙等，其中偏爱苍龙，因为在古代苍龙象征着东方，意味深长。

第四类，含"月"的词。因为月球车在月面工作，网友们也起了很多带"月"字的名称，包括揽月、皓月等。还有的网友建议用月亮的别称，包括婵娟、广寒宫、冰轮、素娥等，多少有些直白。

第五类，含"天"的词。我国很多航天器的名称中都含有"天"字，很多网友依此例，推荐的名称包括天望、天域、天皎等，这其中比较贴切的是天巡这个名称。

第六类，地名。用地名起名的不多，但是在腾讯网上推荐的第一个名称，就是台湾。其他的还有中华、西昌、黄河、长江、井冈山等等。这类名字中有两个比较有特点，一个是长安，一个是新疆，用到了双关。

第七类，人名。人名也占了一定的比例，比如古代的科学家祖冲之、郭守敬、张衡、宋应星、石申，古代的旅行家徐霞客，古代诗人李白、杜甫、陆游，军事家孔明，近现代的如孙中山、李四光、雷锋、钱学森、欧阳自远、莫言等，最有意思的是任我行，倒也贴切，可惜小说中是个反面人物。

第八类，动植物类。用动物起名的也不少，言其大气如鲲鹏、凤凰、熊猫、骊骦（骏马），言其轻小如萤火虫、蜜蜂、玄武、朱雀。当然最被广泛认可的还是玉兔。植物名称比较少，如牡丹、橄榄，也颇有意味。

第九类，其他类。无法归到上面各类的，都是其他。比如洛书、甲午，有个很有特点的名字叫imoon，像是个年轻人的作品，但是我们担心会被认为是苹果公司的产品。

最后说一下设计师团队当时的推荐：哪吒、望舒、赛里斯（Seres）、玉兔、精卫、天巡、长安、苍龙。其中只有赛里斯（Seres）这个名称是独家推荐，其实是中国的古称。

　　经过多轮评选，无论是网友，还是领导、专家，都很喜欢玉兔这个名字，后来大家就都叫它玉兔了。

　　等到发射第二辆月球车的时候，也曾经进行征名，但是大家早就认为非玉兔二号莫属了。

月球车取得了哪些科学探测成果？

玉兔号月球车上安装了全景相机、红外成像光谱仪、粒子激发 X 射线谱仪和测月雷达 4 台设备。四大科学载荷各担重任，各显"神通"。

玉兔号月球车的全景相机安装在桅杆上，所谓全景，并不是说相机的视场很大，实际上为了获得分辨率高的图像，在月球车携带的各种相机中，全景相机的视场是最小的，大家看到的视场很大的全景相机图片是经过地面拼接处理后获得的。落月后，月球车绕着陆器走了半圈，从不同的角度拍摄了嫦娥三号着陆器，照片中能够清晰地看到着陆腿陷入月球土壤中的情况。

全景相机最主要的任务是对着陆区和巡视区月表进行光学成像，用于对巡视区地形地貌、撞击坑、地质构造的综合研究。利用这些数据，对着陆区的岩石、撞击坑的分布进行统计分析，发现与美国阿波罗飞船着陆区的分布情况有较大的差别。

红外成像光谱仪进行巡视区月表红外光谱分析和成像探测，利用其数据可以精细了解着陆区的物质化学成分。

粒子激发 X 射线谱仪可以实现月表物质主量元素含量的分析，获得了月壤约 10 种元素的准确含量。研究发现着陆区月壤中铁和钛的含量较高，而铝含量较低，与其他着陆点的探测结果截然不同，说明发现了玄武岩的一种新类型。此外，这里的月壤中富含钾、锆、钇、铌，表明这种玄武岩混入了

10%—20% 的克里普组分。这里的岩石可能由富含铁和钛的月幔源区熔融形成，在上侵过程中受到月壳底部的克里普岩层混杂，溢出月表，充填在雨海盆地。

嫦娥三号着陆器

月球车上装载了测月雷达，这个也是国外没有做过的。从处理结果中可知，测月雷达有效信号深度达到 100 米以上，在大约 40 米深处有雷达反射异常，分析认为是地层的分界线。雷达探测到着陆区年轻的玄武岩层的厚度达到 195 米，这说明直至距今 25 亿年前，雨海盆地仍有大规模的火山喷发。

嫦娥三号着陆区的年龄明显小于其他月海区域，但实测的月壤厚度明显大于其他间接方法估算的 2—4 米，说明整个月球的月壤厚度都可能被低估了。利用探测区及周围大量地形、地貌、撞击坑、地质构造和成分信息，科学家还完成了着陆探测区的地质填图。

利用探测数据，中国科学家首次研究报道了雨海北部地区的地质特征及其浅表层的地质结构，对于探索月球的岩浆演化历史和后期改造作用具有非常重要的意义。

"嫦娥三号"着陆在一个直径约为 450 米的年轻的撞击坑边缘，形貌分析和解译表明，这个撞击坑形成于哥白尼纪，绝对年龄大约为 3000~8000

万年。该撞击坑挖掘出了很多大的石块，玉兔号月球车拍摄的一块长约 4
米、高约 1.5 米的巨大岩石，被命名为"龙岩"，其表面显示粗粒结构，可
能是由粗粒的斜长石和 / 或辉石、橄榄石等矿物构成，与地球上的辉长岩较
为相似，而显著不同于以往"阿波罗"任务采集到的月海玄武岩样品。

龙岩

玉兔二号月球车的数据带来了月球背面的新信息。中国科学院国家天文台
研究团队利用光谱探测数据，证明了月球背面南极 – 艾特肯盆地存在以橄榄
石和低钙辉石为主的深部物质，为解答长期困扰国内外学者的有关月幔物质组
成的问题提供了直接证据。

期待科学家会有更多的发现。

月球车的周围
有多少坑？

整个月球表面总体上可分为月海和高地两大地理单元。月海是比较平整的平原，有很少的山脉和较少的熔岩、撞击坑，地形比较平缓；相反，高地则有更多更大的熔岩，且布满了复杂的相互交叠的撞击坑。

"阿波罗"载人登月前，苏联、美国发射了多个系列无人月球探测器，进行了绕月和月球表面观测，对地形进行测绘，获得了月面地形环境的第一手资料。"阿波罗"登月期间对月球进行了近距离探测，获得了月面地形信息，进一步完善了月面地形模型。

1994年发射的美国克莱门汀号（Clementine）航天器对月球进行了详细的地形测绘。其安装的激光测高仪得到了75ºS~81ºN地区内的高度数据。欧空局发射的智慧-1号（Smart-1）航天器除了应用可见光谱段进行月面遥感外，还进行了6个红外频段的月面摄像。

月面地形数据可以分为两个尺度层面，分别适用于不同的场合。一种是大尺度全月低分辨率地形数据，例如克莱门汀号和智慧-1号等绕月探测器的激光测高仪和高分辨率摄像机以及在地面利用雷达干涉测量法获得的数据，目前已经通过这些数据获得了全月的月面高程图，这对于选择有价值及可行的着陆区域有非常重要的参考价值，但缺点是分辨率不高。另外一种是小尺度局部高分辨率地形数据，探测器软着陆后获得的近距离月面图像数据以及由此得出的月面地貌统计模型，这些数据虽然存在不连续、区域性的缺点，但是数据分辨率高，可以分析细致的月面地形，对于探测器着陆性能评估和月面巡视探测器性能分析具有很大实用价值。

结合"嫦娥一号""嫦娥二号"环月探测获得的数据，对地形地貌进行了研究。采用分辨率为 30 米的 DEM 数据计算 90 米基线的坡度，坡度小于 8 度的区域占整个虹湾着陆区的 97.17%。虹湾着陆区最小坡度为 0 度，最大值为 46.7 度，平均值为 2.218 度，标准差为 3.16 度。

虹湾着陆区内的月岩（通过 1.5 米分辨率的"嫦娥二号"影像识别）大多围绕其成因撞击坑呈圆形发散的群状分布。根据"嫦娥二号"探测数据，虹湾地区 97% 以上的撞击坑深度与直径的比值小于 1∶10，小于 NASA 报告中平均比率 1∶6。通过撞击坑深径比（深度与直径的比）同地质年代的对应关系判断，虹湾地区的撞击坑以年老坑与成熟坑为主，坑内部比较平缓，坡度较小。

玉兔号月球车在月面开展的地形地貌探测，使得我国拥有了月球表面精细的地形地貌信息。

玉兔号月球车

软着陆后，玉兔一号月球车开始工作，在完成释放分离过程后，到达月面，获得了包括地形地貌信息在内的大量科学探测数据。它在月面上移动了

"玉兔一号"巡视区域

114.8 米，已经拍摄的巡视区域图像中，DEM 分辨率优于 20 毫米的区域面积为 1158 平方米。

识别过程中，首先对相机拍摄的不同空间分辨率的立体图像进行图像拼接、立体匹配，形成巡视区的 DEM；根据 DEM 中的地形变化，结合灰度、纹理信息，完成特征识别，标记月岩、撞击坑等地形特征；最后确定特征的几何参数，包括月岩的长度、宽度、高度，以及撞击坑的直径等。

在巡视区域内，共识别出 113 块月岩、97 个撞击坑。对巡视区域内的月岩几何参数进行辨识，其中直径 1 米以上的月岩 1 块，直径 0.8 米以上的月岩 2 块，直径 0.5 米以上的月岩 8 块，直径 0.2 米以上的月岩 60 块。

月岩的形状覆盖了一个很宽的范围。一个标准的月球岩石的形状被认为是它的最小尺度和最大尺度的比值介于 1∶1 和 1∶5 之间。从巡视区域月岩的形状看，比值接近 1∶1 的月岩数量占大部分，最大比值为 1∶7.8。

对 97 个撞击坑的特征直径分布情况进行统计，其中直径 1 米以上的撞击坑 8 个，直径 0.5 米以上的撞击坑 53 个。对撞击坑的深度进行统计，最大深度 0.2 米，月球车均可以通过。

对撞击坑的类型进行统计，深径比大于 0.2 的新鲜坑只有 3 个；

巡视区域局部

深径比在 0.15~0.2 之间的年轻坑 5 个，成熟坑与老年坑占绝大多数。

　　以巡视器特征尺寸 1 米为坡度分析的基线，月面坡度的测量结果共 1165 组，从数据中可以看出：对南北方向而言，南向坡度最大值 5.2 度，北向坡度最大值 5.7 度，平均值为北向 1.1 度；对东西向而言，东向坡度最大值 6.5 度，西向坡度最大值 5.7 度，平均值为东向 2.7 度；区域内最大坡度 8.1 度，呈东北坡向；区域平均坡度 3.8 度，也是东北坡向。与虹湾地区整体西北坡向不同，呈局部地形特征的特殊性。月球车坡上移动时，可以适应的坡度为 20 度，上述坡度均可通过。

　　这样在巡视区域内，月球车不可通过的地形面积为 4.1 平方米，占总面积的 3.5‰，与巡视器移动能力分析时，不可通过的区域低于总面积 1% 的要求是吻合的。

啊，
我坏掉了！

2014年1月中旬的一天晚上，玉兔一号月球车按照计划要进行原地右转，分两步行走7.5米，再原地左转。在进行最后一步原地左转时，月球车出现故障，没有运动，而且整车母线电流增大0.3安培，意味着用电设备突然增加了9瓦。师傅立即切换到备份控制设备，但故障现象没有消除。

这时候，师傅们意识到碰到大麻烦了。控制设备电源供电用户除了下位计算机，还包括霍尔器件、热敏电阻、开关传感器。这些器件的正常工作，对月球车而言十分重要。下位计算机用于控制机构，霍尔器件用于测量车轮的速度，热敏电阻用于测量温度，到位开关也是检查机构运动是否到位的重要器件。

复杂的月表环境

故障的第一层原因逐渐清晰，霍尔器件供电回路上出现了短路，导致电源电压降低，下位计算机供电电压不足，无法正常工作。

严密分析之后，认为还有一丝希望，研制人员提出电机控制板电源双机加电的办法，试图提高供电电压。昼夜忙碌，紧急更改程序，送到月球车上执行，可惜没有奏效。

　　一般认为，霍尔器件没有短路失效模式，短路之后立即就会烧断，进一步分析，认为是器件供电回路上出现了短路点。这个短路点是怎么产生的，因为无法到现场，没有最后的结论。一种可能是高温环境下，硅橡胶软化，粘接力下降，移动电缆受到石块等突出物外力钩挂，刮擦造成电缆局部破损。

有人在吗（绘制 谭浩）

　　月球车出现问题之后，引起了网友们的普遍关注，玉兔微博中那幅孤单的剪影，那句"啊，我坏掉了！"让无数网友泪奔。令大家没有想到的是度过严寒月夜之后，小兔子顽强地醒来，向地球发出了讯息。"Hi，有人在吗？"这一句话引得多少人欣喜若狂。后来，"玉兔一号"虽然不能移动，但是一直坚持探测，把数据穿回地球，持续了三年多时间。

玉兔二号月球车针对上述问题，进行了技术改进，最主要的措施就是对供电设备进行故障隔离，保证一个机构的损坏不会影响其他机构的正常工作。"玉兔二号"已经成为在月球工作时间最长的月球车，远远超过设计寿命要求，这些设计完善措施被证明是有效的。

嫦娥四号任务
看点大全

嫦娥四号任务，过程复杂，精彩纷呈，可是在不同的阶段到底应该关注哪些亮点，这篇小文章将细细道来。

国际首次

中国航天连创辉煌，正在从航天大国向航天强国稳步迈进，年航天发射次数多次位居世界第一位。但同时也应该清醒地看到，在航天的一些技术领域，我们还存在差距。许多我们飞速迈进的壮举，其实当年苏美在冷战时期已经实现，当然如今再做不是简单地重复，而是在新的技术发展的基础上有新的突破。

但是这次"嫦娥四号"月球背面软着陆，以及月球车在月球背面开展的巡视勘察，都是不折不扣的人类首次！这是人类的航天器第一次造访月球背面崎岖苍凉的土地。

服务于这个目标，为了克服月球对通信链路的遮挡，实现着陆器、巡视器与地面之间的信息交互，提前半年中继星"鹊桥"已经从西昌奔赴比月球还要遥远的地月拉格朗日 2 点（简记为 L2）。这也是人类首次利用 L2 点实现地月中继。

到背面是工程上的目标，探测器肯定还肩负着科学探测的任务，它们可不是去月背旅游的，而是要完成探测月球背面着陆区、巡视区的地形地貌、矿物分布、月壤分层等任务。

特别是利用月球的遮挡，屏蔽掉地球上人类电磁活动的影响，开展的月球表面低频射电天文观测，充分利用月球背面的独特条件，有望获得原创性的科学研究成果。在月球背面开展科学探测将是任务的第三个人类首次。

月球背面地形多么复杂？陨石坑的分布与正面有什么不同？山地的月壤是更厚还是更薄？着陆时会遇到什么挑战？月球车在那么崎岖的地形上行走安全吗？会有什么科学新发现？……对这些问题感兴趣的读者可以继续探索。

着陆地点

月球背面面积有 1900 万平方公里，大约是我们国家国土面积的 2 倍，所以选择在哪里着陆还是一个复杂的问题。"嫦娥四号"的师傅们选择着陆点的时候都要考虑哪些因素呢？

首先，"嫦娥四号"的技术状态大体与"嫦娥三号"一致，这就决定了在纬度方面，不能选择月球背面的赤道地区，那里太热，探测器工作的时长会受影响。纬度特别高的地区也不能去，去那里需要对太阳能电池板进行较大的修改。最好还是选择和"嫦娥三号"着陆地点纬度相似的中纬度，南半球或者北半球都可以。

其次，从科学的角度应该选择可能有新发现的地方，月球南极地区一直备受关注，选择尽可能南的一个盆地似乎是一个好选择。

其实要考虑的因素还有很多，比如光照和中继星不能被地形遮挡，此外，对着陆航迹之下的地形也有要求。

中继星

为了任务的顺利进行，先行官"鹊桥"提前在距离地球大约 45 万公里的地方飞行了半年。奔赴月球的路上，为了省推进剂采用了月球借力飞行，究竟是什么技术，竟然能把月球作为跳板？航天器一般围绕太阳、地球、月球运行，中继星竟然围绕 L2 点运行，据说那里什么也没有，这又是什么神奇的力学原理？中继星最大的特征就是小小的身体上安装了一个直径 4.2 米的"顺风耳"，凭借它就能在如此遥远的地方实现信号的收发？围绕 L2 点，中继星选择了 Halo 轨道，没有选择李萨如轨道，这都是什么意思，这几位大咖当年在数学、力学上有过怎样的贡献？如果对科学技术感兴趣可以对这些问题深入挖掘。

发射前

发射选择在凌晨，这是由天体运行的规律决定的，发射窗口有宽有窄，这些师傅们是怎么算出来的？发射时西昌是什么天气，会不会因为风大不能发射？地面的情况可以直接测量，火箭飞到高空遇到风大时怎么办？这些问题同样值得关注。

发射

这是一枚大家熟悉的火箭，技术成熟。黎明前的大凉山一隅，灯火通明，火箭携"嫦娥四号"再赴征程。仔细看火箭的整流罩上，不但有国旗、中国探月的标记、中国航天的标记，还有好几个国际航天组织的标志，原因是"嫦娥四号"上不但载有中国研制的探测设备，还搭载了瑞典等其他国家航天部门研制的有效载荷。

发射时大家能够听到各测量站报告测量结果的声音，火箭飞远了，地面测量站够不到了，就需要利用出海的"远望"测量船持续监测，保证火箭和探测器的最新情况都能及时传到师傅们的手上。

月球背后的秘密（绘制　谭浩）

中途修正

火箭与探测器分离，太阳能电池板展开之后，发射任务就圆满成功了。接下来需要对探测器的轨道进行精确的测量，因为路途遥远，出发时方向的一点点偏差，都会导致错失目标，因此发射之后，要根据最新测量的探测器轨道进行中途修正。一般会安排三次中途修正，有的时候发现偏差太小，后期的修正有可能取消。

近月制动

在这次航天任务中，有几个关键环节。发射五天之后的近月制动就是探测器发射之后的第一关。主发动机开始反推，在月球附近刹车，使探测器进入月球环绕轨道，成为一颗月球人造卫星。

环月阶段

紧张测量、会商之后，会制定一个策略，通过加速、减速等一系列动作，把轨道调整成近月点高度约为 100 公里的环月轨道。过一段时间之后还要调整成近月点高度 15 公里，远月点高度 100 公里的轨道，这是为着陆月面做最后的准备。

环月飞行的时间可长可短，上次"嫦娥三号"在环月轨道上停留了一周时间，这次"嫦娥四号"要停留三周，为什么要这么长时间，是师傅们更谨慎了吗？

其实这也是天体运行规律决定的。简单讲，轨道面在空间中可以理解成是不动的，月球在慢慢自转。可是月球是个慢性子，地球转一圈大约是一天，月球转一圈接近一个月。不同的时间降落，就会着陆在月面不同的地点。师傅们希望着陆的时刻，是着陆点的上午，后面有充分的时间开展工作，而不是刚刚着陆就到黄昏——探测器即将睡觉的时间了。就是这样的一些原因，决定了环月的时长。

中继链路测试

等着陆之后，探测器就不能与地面直接联系了。为了确保链路没有问题，在环月阶段还有一项重要任务就是中继测试。中继星把 4 米多的大伞指向飞行中的着陆器，确认地面、中继星、着陆器之间的前向和返向信息传输链路都是正常的，师傅们才敢放心地下达着陆的命令。

动力下降

动力下降阶段是第二关，正是地球上的上午，可以密切观察着陆的全过程。"嫦娥三号"的着陆曲线近似抛物线，从 15 公里的高度逐渐下降，这次还是这样的轨迹吗？由于月面地形复杂，为了让测量高度的敏感器更好地工作，师傅们选择了难度更高的路线，等到接近着陆点的上方时，再做俯冲。

到达距离月面 100 米的高度时，最后决定着陆在哪里的时刻到来了。这个过程时间很短，把图像传输到地面来不及，师傅们设计了智能的程序，探测器自己根据图像识别，选择符合安全标准的地点。

发动机停止工作，最后的 4 米高度，探测器是以自由落体的方式着陆月面的。这样会不会损坏探测器？着陆器的一大法宝就是四条着陆腿，内部有蜂窝样的金属材料，把着陆的冲击能量缓冲掉，保证探测器不侧翻。

这是一个关键的节点，人类的首次月球背面软着陆终于实现了。

月球车到达月面

短暂的掌声之后，师傅们的神情又紧张起来——人类第一辆月球背面行驶的月球车闪亮登场。它轻舒两翼，一身银袍，昂头向前，首先勇敢地行驶到转移梯子上，然后稳健地行驶到月球表面。

这四个足印和两道车辙共同向世界宣布，月背，我们来了！

到达月面之后，月球车会把两根杆状天线展开，这才是月球车的标准POSE。

这个过程用了近半天的时间，大约十小时，第三关也过了。

两器互拍

为了尽快把着陆月面的图像传回地球，着陆器和月球车都会把定向天线指向中继星，建立中继链路，尽量快地让师傅们了解探测器的健康状况，以及周边的地形情况，便于规划路线，开始人类首次月背巡视。

这时候，着陆器会拍摄月球车，月球车也会拍摄着陆器。若干年后，也许有机会万里寻故地，可以看看车辙是不是还是那么清晰。

月午休整

着陆之后忙了两天了，太阳越来越高，温度越来越热，地面上的师傅们也有些累了，月球车进入四天午休时间，勤劳的着陆器尽情把着陆区周围的地形拍个够，图像数据源源不断地传到地面。这些数据将用来进行科学研究，但更紧迫的是月夜降临之前的一个重要决策需要这批数据。

月面工作

午休之后，月球车开始月面巡视探测，每走一步，都忍不住回头看一下着陆器，走了半圈，把带有国旗的着陆器标准照拍摄完之后，才开始向更远的目标进发。方向是地面的科学家根据拍摄的图像，判断哪里可能有科学发现之后才决定的。

生命的脆弱与坚强

到达月面之后几天，科普载荷开始工作。在着陆器的一个密封的小盒子里面，带有植物的种子和动物的卵。着陆之后，水瓶中的水流出，滋润土壤，植物发芽……

通过摄像头，观察到棉花发出的嫩叶，引起了广泛的关注。

月夜休眠

虽然工作任务还很艰巨，但是不得不先休息一下了，寒冷的月夜即将到来。着陆器赶紧把流体回路打开，让氨水携带同位素的能量给自己保温。月球车的要求更高，先要找到一个合适的地点，实在找不到就用车轮刨个坑创造一个舒服的环境，这是为了第二天早上醒来的时刻合适。奥妙就在月球车左侧的太阳能电池板上，仔细看这个太阳能电池板有点倾斜，这是为了休眠唤醒专门设计的。

最难的就是决定什么时刻睡，什么时候醒。睡早了或者醒晚了会太热，睡晚了或者醒早了会太冷。为了选择这两个时刻，月球车的师傅们费劲了心思。

"嫦娥三号"着陆的是平原地区，太阳什么时候升起，以及什么时候落下可以估计得很准，可是"嫦娥四号"不走寻常路，选择落在崎岖的撞击坑底。这就有可能有高山挡住太阳，甚至挡住中继星，决定什么时候睡觉，什么时候起床变成了一个复杂的问题，前面提到的拍摄着陆点周边地形，就是为了早点了解着陆、巡视区周边的山势起伏，术语叫做天际线，师傅们期望的最美天际线就是水平的地平线。当然最重要的是西偏北、东偏北两个方向是否有高山，因为太阳就是在那两个方向落下、升起。

月夜温度

影子越拉越长，长达 15 天左右的月夜来临了，好在有暖宝的保护，两个探测器都舒服地睡着了。月球车用右侧太阳能电池板把自己盖上，避免晚上着凉，原来这个太阳能电池板不但用于发电，晚上还用来保温，其实它还有第三个功能，就是遮挡阳光。

并不是所有的设备都关机了，着陆器上的一个小盒子就在利用同位素温差发电器提供的微弱能量继续工作，探测月夜时土壤温度到底有多低。

征程再启

太阳懒洋洋升起，月球表面的温度逐渐升高，两个探测器先后醒了过来，一般月球车更喜欢早起，新的一轮探测工作开始了……各种探测设备轮番工作，科学家紧张地分析数据，决定月球车的行驶路线，希望找到更有意思的岩石……

一个个昼夜就这样过去，目前玉兔二号月球车已经成为人类在月球工作时间最长的月球车。

嫦娥四号取消
月食工作模式

北京时间 2019 年 1 月 21 日中午，一场月全食在地球上演。来自中国的嫦娥三号迎来第十次月食的考验。经常在地球上围观月食的你，有没有想过，月球探测器眼中的月食会是怎样的情景？月食的到来又会给月球正面工作的嫦娥三号以及抵达月背的嫦娥四号带来什么影响呢？

月上一天 = 地上一月

月球是地球唯一的天然卫星，而在地球上，任何地方和时刻，都只能看到月球的"正脸"（月球一直朝向地球的一面），而不能看到月球的背面。这是由于月球绕地球公转的周期，和月球自身自转的周期相同（均为 27.32 天）导致的，在天文学当中，这种现象被称为"潮汐锁定"。但是，地球还在绕太阳公转，在这 27 天中地球绕太阳又转了约 27 度，继续把这 27 度追回来，共需要 29.53 天，这就是月相变化的周期（朔望月）。

着陆在月球的探测器，感受到的就是这样的日夜变化规律，接近 15 天的白昼，然后是 15 天的黑夜。

月食

地球的阴影有时会投射到月球表面，形成月食。整个月食过程要经历半影食始—初亏—食既—食甚—生光—复圆—半影食终。

一次典型的月全食开始前，正是满月时分，月球会先进入地球的半影，这时月球亮度几乎没有变化，因为大部分阳光还能够照到月面，天文学上将这个时刻称为半影食始。

然后，地球的本影开始吞噬月球，即初亏。接着，月球被地球阴影吞没，只有地球大气的微光还照耀着黯淡的月面，这个时刻叫做食既。

由于地球大气吸收了其他颜色的光线，只有红光到达月面，因此有时会出现血月现象。

当太阳、地球、月球近似在一条直线上时，即为食甚。不过这时地球上的观察者并没有感觉到有什么特别的变化，依旧是一轮血月挂天际。

月球马上要从地球的本影中逃出，正常月面开始显现，此时被称为生光。等到月球完全从本影中走出来，重新把清辉洒向大地，即为复圆。

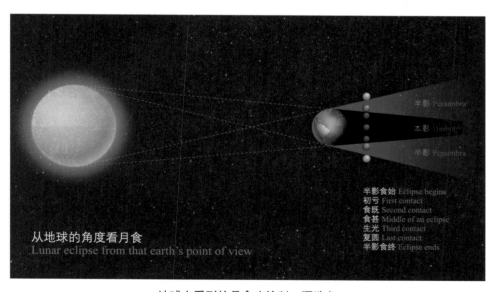

地球上看到的月食（绘制　谭浩）

从地球上看，似乎月食已经结束了，实际上等月球完全离开地球的半影（半影食终），整个月食才真正结束。

一次典型的月食，地球上看到月球从开始有缺口到缺口完全消失的时间大约是四小时，而月面完全昏暗的时间大约两小时。

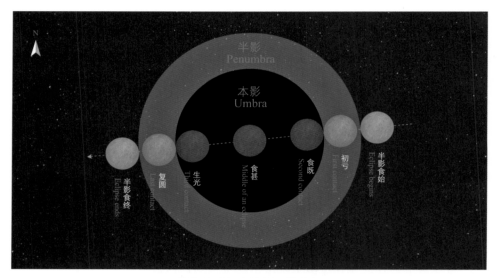

月食全过程（绘制　谭浩）

嫦娥三号眼中的"月食"

上面说的这些，都是在地球上观看月食的感受，而着陆在月面雨海西北部的月球探测器——嫦娥三号经历的月食不完全是这样的。它感受到的是巨大的地球把太阳遮挡的过程，可以称作是一次日食！

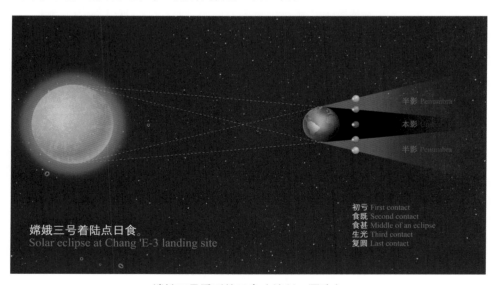

嫦娥三号看到的日食（绘制　谭浩）

初亏后，嫦娥三号感受到了阳光的减弱，太阳能电池片输出的电流有了些许的减小。接着电流进一步减小，月壤的温度也开始降低，苍凉的月面似乎感受到了一段短暂的黑暗即将不可避免地到来。

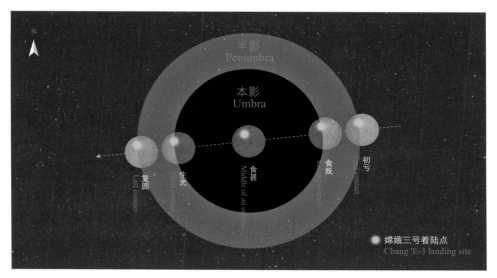

日食全过程（绘制　谭浩）

随着日食食既到来，着陆点进入到地球巨大的本影中，电池片也完全停止了电流输出。探测器感受到周围一片黑暗，但遥望天空，却别有一番"景致"——巨大的黑盘（地球）遮挡了太阳，黑盘周围红光旖旎，霞气升腾——那就是地球大气折射来的红光。

食既到食甚再到生光，持续三个小时后，阳光重新普照月面，探测器重获光照。到了日食复圆时刻，阳光完全恢复正常，一次持续五小时的日食结束，探测器逐渐"满血复活"。

▌嫦娥三号如何迎接日食？

地球上的人们不会感觉到月食对自己的影响，但对月球上的探测器来说，情况就大不相同了。为了应对日食期间失去日光和温度骤降的问题，探测器必须要做些"准备工作"。

由于日食期间太阳能电池功率输出不足，需要提前把蓄电池充满，为了保证设备的温度，还要提前对设备进行加热，提高探测器的温度水平。

这还不够，嫦娥三号发射之前，师傅们为它专门设计了特殊的工作模式，在日食食既前半小时利用流体回路（流动的工质是氨）把同位素释放出的热能引入舱内，为设备加热，生光之后半小时，流体回路截止，避免温度过高。为了防止设备温度过高或者过低，什么时候启动、关闭流体回路是一个重要的决策点。

这种工作模式已经帮助嫦娥三号度过了很多次月食（对探测器而言其实更准确的说法是日食）。没有阳光的短暂时间，师傅们还曾利用着陆器上的月基光学望远镜开展探测活动，观测了无光照情况下的星空。

嫦嫦娥四号取消月食工作模式

可是，同样是月球探测器，着陆月球冯·卡门撞击坑的嫦娥四号，竟然取消了月食工作模式，这是师傅们的疏忽吗？

当然不是，由于嫦娥四号落在月球的背面，发生月食的时候，正是农历十五左右，月球的正面阳光普照，背面却是暗夜，探测器此时已经进入休眠，要持续睡上大约十六七天，也就是说，嫦娥四号完全看不到月食。这期间发生的月食，对嫦娥四号也不会有任何影响，所以就不用考虑设计月食模式了。

玉兔背后的故事

玉兔一号发射准备工作完成后写的诗

2013 年 年 底，嫦娥三号探测器从西昌卫星发射中心由长征三号乙运载火箭发射，将我国的第一辆月球车——玉兔一号送到了月球正面的虹湾地区。完成了月球车在发射场的准备工作之后，师傅们夜深难眠，为抒心中万千思绪，写了一首题目叫做《虹湾情》的诗：

《虹湾情》

那是天上一弯淡淡的虹

在清凉的月盘上静静地等

沧海桑田　斗转时空

淅沥星雨　绵绵的风

那是地上一座叫月亮的城

静谧山谷中不灭的灯

深秋叶落　硕果纷呈

巍巍的塔　待发的星

那是心中一段未了的情

我们的孩子即将出征

稳健的脚步　刚健的筋骨

银色的战袍　明亮的眼睛

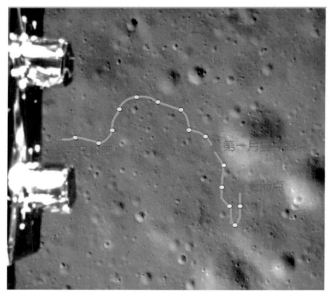

玉兔二号行驶路线

　　五年后的 2019 年年初，玉兔二号月球车驶抵月球背面，成为到达月球背面的第一辆月球车，它一路向西，不断前进，不断探测，用月球的沙，描绘着中国人的不懈努力与追求。仔细看它最初走过的轨迹，像不像黄河的几字形大拐弯？

　　嫦娥四号任务实现了人类首次月球背面探测，这次任务既是中国航天人智慧的完美展现，也堪称人类智慧的完美挥洒。

　　下面介绍的内容不涉及研制过程的细节，也不是研制过程的艰辛，而是月球背面的玉兔研制过程背后的故事，以及师傅们陪伴玉兔二号工作的日日夜夜，还有其中蕴含的梦想与激情。最想传递的信息是：十六年来，在深空之路上行走所体会到的快乐。

▌ 今夜最美大凉山

　　团队中很多设计师，把十几年心血倾注在玉兔身上，看玉兔的眼神，就像是看自己的孩子，在发射场的工作就像是为女儿准备嫁妆。嫦娥四号发射之前，有一次天象叫做火星合月，简单说就是天空中月球与火星距离很近。那天晚上师傅们加班归来，路上拍下了这张照片，配的文字是：客夜火星合月 / 细看广寒神仙 / 未见姮娥翩跹舞 / 待嫁月背羞见人。

火星合月

　　发射之前，试验队已经进场几个月了，紧张的工作之余，利用工会送来的水果，摆出了"心想事成"，既是祝愿，也算是缓解一下紧张的心情。

发射之前

心想事成

刚到西昌的时候，算是初秋，离开的时候已经是冬天，大凉山上的这棵树从最初的秋叶似锦到后来的"繁花"落尽，见证了我们准备发射的全过程。

嫦娥四号探测器试验队的队旗上，签上了所有试验队员的名字，这面队旗现在保存在国家博物馆。

嫦娥四号探测器在西昌卫星发射中心发射那天是2018年的12月8日，天气寒冷，面对新月如丝，出于对嫦娥四号任务的美好祝福，发射前写下了"天寒更觉月远，魂牵梦绕西南。万里征程今日始，今夜最美大凉山。"

深秋晨露　羞染霞光

试验队队旗

嫦娥四号发射

君自故乡来

君自故乡来

嫦娥四号发射之后，有二十几天是奔月飞行、月球捕获、环月飞行的时间。这段时间动作不少，但还没有轮到月球车团队开始工作，本来应该是相对轻松的一段时间，但是师傅们内心里颇为紧张，每天关注变轨、捕获等一系列动作进展是否顺利。月球捕获，探测器成为月球的卫星之后，心情稍缓，小庆一下，制作了"君自故乡来"这幅作品。

想表达的是在月球正面的嫦娥三号着陆器、玉兔一号月球车，经历了五年的等待，迎来家乡亲人的感觉。月面上两个探测器之间的位置关系，是按照实际情况安排的，画面的视角也是再三调整，定格在嫦娥四号发动机制动，即将成为月球环绕卫星的那一刻。

娥眉新月近黄昏

任务中最关键的环节就是月面软着陆。软着陆之前，虽然有几个小时的休息时间，回到宿舍，却难以入眠，想象月球升于群山之上，写下了这句"下弦更比上弦早，娥眉新月近黄昏"。

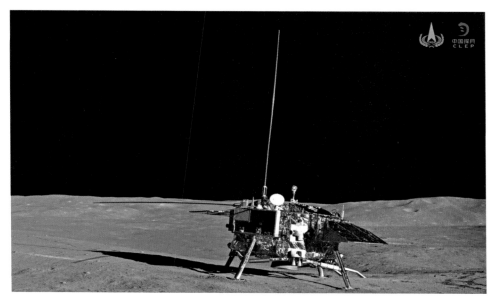

着陆器全貌

玉兔标准照

着陆器拍摄的玉兔二号照片中，这张最像标准照。发射前，有从事其他型号研制的同事问，新兔子有什么差别？讲了一通，多了什么设备，少了什么设备。他又问外形有什么差别，想想之后回答：有差别，但是不明显。

为了让大家容易区分两辆月球车，决定在车的前方特意

玉兔号标准照

留下红色的型号标记 CE-4。记得在发射场讨论做标记的不同方案时，设计师和总装人员反复权衡可靠性和不同光线角度的影响，还找来相机，确认实际拍摄效果，最后确定了大红衬底多层凹刻的方案。因为担心广寒宫太冷，怕冻坏玉兔，所以为它穿了十几层又轻又薄的防寒服，这个方案就是把最外层衣服划

开，里面大红衬底，再把最外层衣服缝制成想要的标记。天上传下来图像的效果，与期望一模一样，大家微笑着又开始各自忙碌。

光汇影，月伴星

如果说玉兔一号落在了华北平原，那么玉兔二号就是落在了云贵地区，地形复杂。玉兔二号月球车首先要解决的问题，就是月夜自主休眠唤醒。

月球的一个白天相当于地面 15 天，一个夜晚也是大约 15 天，月球车晚上需要断电休眠，玉兔一号采用地面控制休眠方式，到了规定的时间，地面发指令，兔子睡觉。

但是这种方式不能适应月球背面的复杂环境，需要发指令的时候，担心地形遮挡，指令发不上去。设计师们认真钻研，提出了自主休眠方案，太阳快要落山时，根据发电电流的变化，玉兔自主决定休眠的时机，不需要地面的支持。为了控制唤醒时车上设备温度，不能太高，也不能太低，在东方太阳升起的方向山的高度不同，小兔子睡觉的姿势也是不同的。如果山不高，车头基本朝向正南，山较高时，车头就要多偏一些。

如果玉兔落在类似张家界那样的山区，东方的山高度角超过 20 度，选择小兔子睡觉的姿势就会非常困难。因此，落月之后着急安排的第一项工作就是拍摄天际线，特别关注东西两个方向山的高度角。还好，图片中山高只有 3 度左右，小兔子的师傅们松了一口气。

月球的白天，车的状态在地面师傅们的密切关注之下。夜晚月球车睡觉了，就没有任何信息下传了。师傅们最紧张的就是月球车即将唤醒的时刻。每次都会预报一个唤醒的时间，师傅们不放心，总是提前几个小时守在控制大

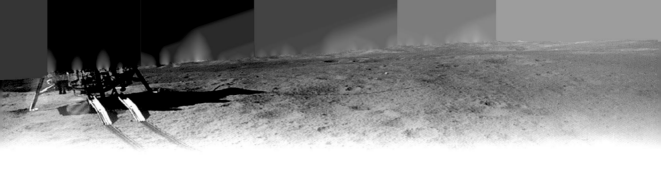

厅，希望及时听到小兔子醒来后的第一声呼唤。前几次，小兔子睡懒觉，比计算的时间晚一个多小时才醒，那一个多小时，还是挺揪心的。刚开始大家还谈笑风生，规划的时间过去一个小时，一点动静都没有，大家神情变得紧张，分析可能出现了哪些复杂情况。忽然收到兔子醒来发过来的信号"啊——"，大厅里一片掌声。后来，综合考虑日月距离变化等各种复杂因素，制作了更精细的玉兔作息时间分析软件，月球车唤醒时间的计算误差缩小到一刻钟左右。

月球车唤醒前写过一首诗：昨夜秋风拂绿汀，半掩柴扉盼天晴。玉兔醒前光汇影，再启征程月伴星。

永远有多远

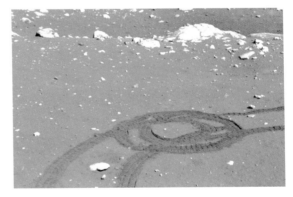

车辙

月球车拍摄了着陆器的照片，着陆器也拍了月球车的照片，还拍下了月球车原地转向之后留在月面的车辙。由于月球表面没有大气，没有风，车辙将在月面上保留很长时间。看到这张照片，一位记者曾经问：那这车辙会永远保存在月面上吗？立即想到了如果未来一个小石块落在这里，可能把车辙破坏；如果 50 亿年之后，太阳变成红巨星，会把地球的轨道吞噬，可能也找不到车辙了，再加上一贯的浪漫情怀，反问道"那要看永远有多远？"

着陆点全景环拍

中秋月饼

节目播出的时候，发现出状况了，这位记者同样的问题还问了团队中德高望重的老专家，老专家回答得斩钉截铁：永远！播出的效果就变成了：请问月球车的车辙会永远保存在月面上吗？永远！永远有多远？！

网上流传一个传说，月球车在中秋节的时候，在月球上画了一个月饼。不得不如实讲，原地转向是月球车经常要做的调整航向的一种运动，在每个月球的白天，月球车都要画几个这样的月饼。还有就是前面已经提到的，地面八月十五中秋节的时候，月球的背面处于 15 天黑夜"子时"，玉兔二号已在香甜睡梦中，当天不可能画月饼。虽然玉兔没有专门为中秋画月饼，但是并不妨碍我们的思念，中秋节时写道：秋风清，双兔萌。又是桂秋月，今年分外明。相思相见知何日，此时此夜整三更。

人言落日即天涯，又见天涯又见家

玉兔二号到达月面不久，有一次月食。不过，这次月食和玉兔二号没有关系，因为它工作在月球背面，月食时正在休眠。

嫦娥三号已经经历过多次月食，记得第一次处理月食的时候，按照地面的经验计算了加热设备通断的时间，编写了控制指令，然后就去写介绍月食的科普文章了。写着写着，发现不对，月球车在天上经历的是一次日食——地球把太阳挡住的过程，可是在月球上看地球，地球要比太阳大很多，日食的时间也要持续更长的时间，是三个多小时，不是两个小时！赶紧打电话提醒，紧急修改控制指令，纠正了一个计算失误。如果执行这两条错误的指令，风险还是很大的，这段算是工作与业余爱好相辅相成的案例。

LUNAR ECLIPSE
FROM CHANG'E'S EYES
嫦娥眼中的月食

又见天涯又见家（绘制 谭浩）

"又见天涯又见家"表现了嫦娥三号经历日食的时候，地球把太阳遮挡，地球大气层散射的红光照在月面上的旖旎风光，就是所谓的"红月亮"的原理。大气污染越严重，月面的景色就会越壮观。配的诗句是："人言落日即天涯，又见天涯又见家"。

冷处偏佳，别有根芽

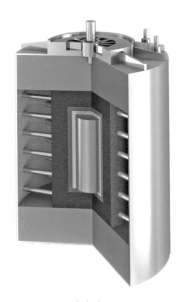

温差发电原理

深空探测器经历的环境十分复杂、恶劣，举个例子，月球夜晚表面温度会降低到零下一百多摄氏度，在这样的温度下，苹果变得像石头一样坚硬，可以用来防身。但是月夜温度具体有多低，一直是困扰大家的一个问题，美国的资料显示是 –180 摄氏度，俄罗斯的专家介绍是 –150 摄氏度。虽然嫦娥三号着陆虹湾，但是月夜温度我们还是不知道，因为在月球的晚上嫦娥三号全系统断电。嫦娥四号着陆器直接进行了月夜温度测量。月球的夜晚比我们想象的还要冷，低于 –190 摄氏度！不愧广寒宫的名号。

月夜的广寒宫（绘制　谭浩）

　　在如此低温的环境里，着陆器利用同位素热能发电，繁星点点，漆黑的背景下电池的高温与环境形成几百度的温度差，利用一种叫做碲镉汞的特殊材料发出 3 瓦电能，支持温度测量系统的月夜工作，测量月夜土壤温度。"月夜的广寒宫"算是月球车团队送给着陆器设计师的一份小礼物。"冷处偏佳，别有根芽，不是人间富贵花。"是纳兰容若写雪花的词，用在这里表达着陆器不怕冷。

摄影比赛

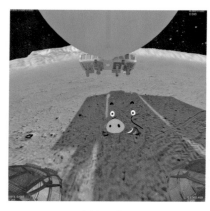

八戒的九齿钉耙

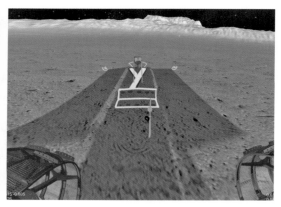

秦始皇巡游九州

阳光会在月面上投射出车的影子，由于没有大气散射，影子里一片漆黑，对发现行进路线上的障碍是不利的。值班之余，策划了月球车自拍摄影比赛，利用车的影子，勾勒出简单的宇宙漫画，这是两幅获奖作品。一个是八戒扛着九齿钉耙，一个是秦始皇巡游九州。算是忙里偷闲的团队文化建设吧。

终得玉兔百日好

　　月球车工作了三个月之后，达到了寿命要求，设计师们暗暗庆祝了一下。把玉兔作为前景，把玫瑰星云作为背景，表达心中小小的喜悦、大大的祝福。配的文字是："终得玉兔百日好，也无风雨也无晴"。

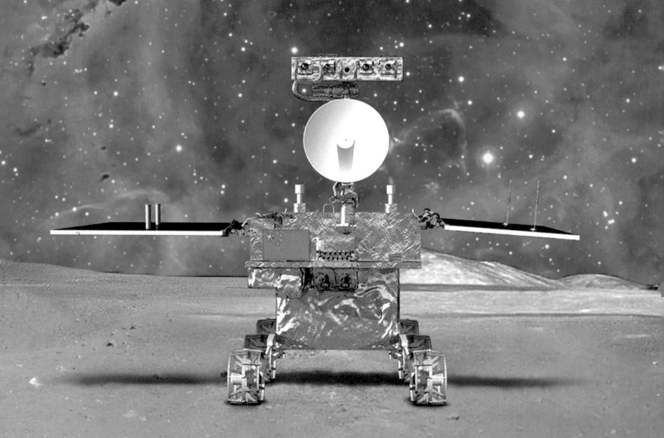

月背工作一百天（绘制　谭浩）

设想过没有 PS 技术，直接用相机拍摄这张照片，结论是还是挺困难的。需要在距离月球车 24 公里的特定位置，竖立不低于 300 米高的三角架，架上一台 10 米长、放大倍数不低于 1500 倍的望远镜，剩下的任务就是耐心等待星历计算的特定时刻按下快门了。至于快门时间选多少合适，如果有兴趣可以试着算一下。

在月背着陆一周年的时候，精心制作了纪念图片，为嫦娥和玉兔各写一首词。

诉衷情　嫦娥四号月背工作一周年

嫦娥玉兔十二天，尘世又一年。

天河岸，鹊桥边，月背路蜿蜒。

十五载攀援，暑交寒。

云霄更上九重巅，胜婵仙。

应天长　玉兔二号月背工作一周年

天河岸边琉璃雨，

石火电光红霭舞。

流年逝，尽成土，

熠熠霞珠留几处？

鹊桥牵，银箭护，

玉兔嫦娥飞渡。

周岁停车一顾，

记住归家路。

最后愿我们在深空之路上越走越远……

月背着陆一周年（绘制·谭浩）

月球车月背工作一周年（绘制　谭浩）

1

YEAR

CHANG'E-4
EXPLORES THE MOON

浩渺星途 / 跬步千里

未知物质及成因猜想

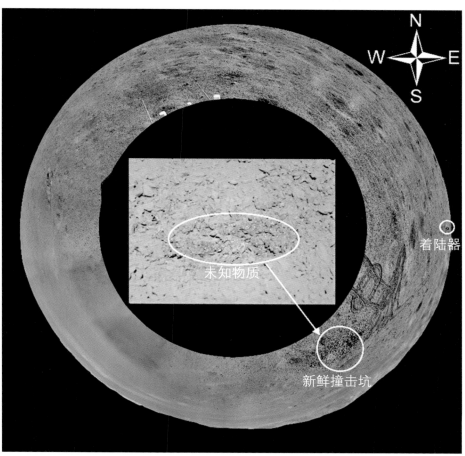

CHAPTER 2
第二编

火星车

火星的火

火星（Mars）是八大行星之一，符号是 ♂。因为它在夜空中看起来是血红色的，所以在西方，以希腊神话中的阿瑞斯（或罗马神话中对应的战神玛尔斯）命名它。在古代中国，因为它荧荧如火，故称"荧惑"。火星有两颗小型天然卫星：火卫一 Phobos 和火卫二 Deimos，都是以阿瑞斯儿子们的名字命名的。两颗卫星都很小而且形状奇特，可能是被引力捕获的小行星。

战神阿瑞斯

荧惑守心的天象在古时中国被视为大凶之兆，在中国古代的星占学中，心宿二象征帝王，如果游荡的火星在心宿二附近停留或逆行则被视为侵犯帝王，占星术指其为"大人易政，主去其宫"，帝王恐有亡故之灾，不过根据新竹清华大学历史研究所黄一农教授的研究发现，在二十三次荧惑守心的记载中，竟然有十七次均不曾发生，可见此类天象的记载多出于伪造、附会。

古人对五大行星的认识始于五行观念。《尚书·洪范》曰："五行：一曰水，二曰火，三曰木，四曰金，五曰土"。从名称及其属性看，五行显然指人们生活和生产所利用的五种物质要素，这一观念一直维持到战国阴阳五行学说形成以前，在《左传》《国语》等文献中都有提及，丝毫未见有神话色彩。

春秋以前中国古人称金星为明星，又叫太白，因为它光色银白，亮度特强。《诗经》有"子兴视夜，明星有烂""昏以为期，明星煌煌"，都是指金星。金星黎明见于东方叫启明，黄昏见于西方叫长庚，所以《诗经》说"东有启明，西有长庚"。

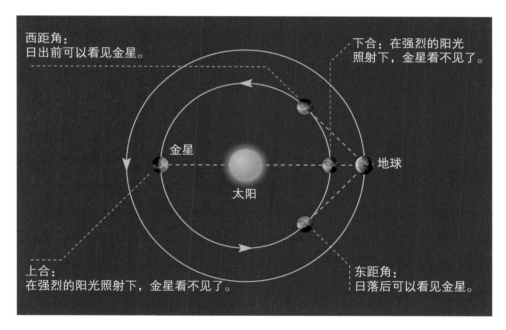

内行星之金星

木星古名岁星，或称岁。古人认为岁星每十二年绕天一周，每年行经一个特定的星空区域，并据以纪年。水星古名辰星，火星古名荧惑，土星古名填星，这些命名或依行星自身颜色，或从行星运行规律，无一源于神话传说。战国至秦汉之际，占星术在中国渐渐盛行，五大行星才开始与神祇联系在一起。1973年，长沙马王堆三号墓出土的帛书《五星占》，可称是迄今所知最早的星占学专著，其中将五星与五方、五行、五帝等作了严整的对应：

> 东方木，其帝太昊，其丞句芒，其神上为岁星。
> 西方金，其帝少昊，其丞蓐收，其神上为太白。
> 南方火，其帝炎帝，其丞朱明，其神上为荧惑。
> 北方水，其帝颛顼，其丞玄冥，其神上为辰星。
> 中央土，其帝黄帝，其丞后土，其神上为填星。

司马迁

西汉时期，司马迁把五大行星与春秋战国以来的"五行"学说联系在一起，正式把五大行星命名为金星、木星、水星、火星、土星。五行配五色，《周易》中，火为赤色，水为黑色，木为青色，金为白色，土为黄色。司马迁从实际观测发现，岁星呈青色，故称木星；荧惑呈红色，故称火星；填星为黄色，故称土星；太白为白色，故称金星；辰星呈灰色，故以黑色配水星。这些在《史记·天官书》中有明确反映，可见司马迁对五大行星的命名也是从事实出发，原本不含任何神话观念，这与古希腊人依据神话中的神祇人物命名形成鲜明对比，再一次反映出中国天文观念的重实用轻幻想的思想。

随着航天技术的发展，人类开始近距离对火星进行探测，中国的天问一号探测器会利用遥感、就位探测等多种形式开展工作，进一步深化人类对火星的认识。在介绍与火星探测相关的技术内容之前，先介绍一个火星车研制过程中的小故事，表达一下设计师们在精细的科研活动之余，流露出来的人文情怀。

火星车研制出来之后，设计师看着火星车的桅杆，感觉有点不对劲。桅杆上面有三台相机，还安装了气象测量、磁场测量设备，设计师们一直关注桅杆的承载能力、电缆是否会影响桅杆的运行，以及设备安装的位置，避免桅杆干扰火星大气流动，导致风速、风向测量结果不准确等技术问题，现在忽然发现桅杆头部不够漂亮。

为了保证相机在寒冷的火星夜晚不被冻坏，设计师为相机设计了隔热罩，罩子内部填充了一种叫做气凝胶的隔热物质，罩子外部包裹了一层亮银色的镀铝膜，为了不遮挡相机的视场，罩子的正面开了三个圆孔。远远看去，漂亮的火星车最引人注意的地方，是一个 A4 纸大小的白色平面，上面有三个相机的光孔。

虽然距离把火星车运往文昌发射场只有几个月时间了，但是设计师们还是不想留下任何遗憾，开始讨论美化方案。

团队在设计第二辆月球车的时候，为了在外观上把两辆车区分开来，曾经在车体的前方增加 CE-4 这样的型号代字，所以最简单的办法就是在桅杆头部增加这次火星任务的型号代字。可是当时天问一号这个名称还在酝酿中，没有对外公布，设计师们只能另想办法。

设想用中国文化的元素把火星车打扮得更漂亮一些，曾经想采用红色的中国结，讨论后感觉把中国结放在火星车额头的位置有点怪怪的，考虑很多其他能代表中国文化特征的元素，逐渐聚焦到了书法……

设计师中没有人敢接这个活，本着有事找专家的工程思路，赶紧联系以沙画闻名的苏大宝先生。苏先生是湖南人，年轻、热情。说他热情，是因为知道他会把这件事当个事情去做，不会好久杳无音信，说他年轻，意思是说这件事万一不成，不至于被埋怨。果然，苏先生慨然应允，答应一周之后回复。

能有机会给火星车书写"火"字，这是令人无比激动、无上荣幸的事情，尤其是对于一个搞艺术的人来说。接到任务的那一刻，我决心尽全力来对待这件事情。

首先，我尽可能地搜集了古往今来关于"火"字的各种字体和写法来做创作的参考。然后，我分别用甲骨文、篆书、隶书、楷书、行书、草书的字体书写了估计有上千个火字，最后从中挑选了十几个作为备选方案。

火字稿

火星的火

　　收到苏先生的文稿后，设计师们讨论时犯了难，主要有两个方面的问题。第一个问题是关于大小。前面已经说过，在桅杆前面有三台相机的镜头，如果为了到达火面之后，在照片之中看得清楚些，字应该尽可能大，那就要与其中的一个镜头联合设计。苏先生已经考虑了这一点，设计了至少 8 个方案，但是实际上镜头的尺寸比图片中的尺寸大得多，想要和谐地结合起来并不容易。

如果把图缩小一点，躲避开镜头，设计倒是容易些，但是在照片里面能不能很好成像呢？设计师们把火字打印出来，模拟在火星上的成像距离拍摄，发现只要线条不是太细，在图片中分辨出来没有问题。因此决定避开镜头位置，采用小方案。

第二个问题是工艺。书法中虚实、笔法走向严格，在火星车上实现时，采用的是把膜划开凹版粘回去的方法，精确地实现笔划走势很困难，所以大家倾向于甲骨文方案。这个方案笔划可以粗壮些，有利于成像，即使有些变形，也不影响效果，而且甲骨文代表着文字之初，寓意着华夏文明的源远流长，意境充沛。

可是问题来了。在征求意见的时候，很多人都把这个字读成了"山"。毕竟大家都不是古文字学者，不知道甲骨文的"山"字底下不是弧线，而是一条水平线。为了避免误会，开始与苏先生讨论其他方案的完善。

在收集资料的过程中，我发现一枚宋代篆体官印"桓术火仓之记"，其中火字的造型很有意思，为了规避汉字笔划数量差异悬殊的问题，制作印章时，对笔划较少的字采取了曲折复杂化的处理方法，以求字间的均衡，这种处理被称为九叠篆。

这个方案图案饱满、装饰性强。我进一步把书法、篆刻的表现手法结合起来，形成了一款新的建议。这个图案稍加想象，包括了中国火星四个字的意象，印信图案的意义不言而喻，具有很强的中国文化特征。

· 桓術火倉之記

桓术火仓之记

大家觉得这个方案寓意很好，工人师傅们也觉得笔画平直，实现起来更容易控制，大家达成了共识。

九叠篆火字

在文昌发射场，师傅们精心制作了这个图案，小心翼翼地安装到火星车上，大家感觉这就是火星车的车标。

桅杆上的车标

留在地球的火星车车标

火星很美

地球上有很多瑰丽的风景，吸引着旅行者的眼睛和心灵，你设想过有一天到火星旅游吗？随着人类航天技术的发展，终会有一天，这样的愿望会变成现实，现在就根据火星探测器拍摄的图片，推荐几个火星的度假胜地，便于提前安排行程。

▍火星，我们来了！

火星

这次火星旅行需要约三年时间，建议将手里的工作安排好，提前向老板请好假，然后向着火星，出发！美国"火星环球观测者"探测器于 2003 年 5 月拍摄到火星景观，照片显示，火星北半球正处于初秋，而南半球则是早春。照片左为 4 座大型塔尔西斯火山，中间是 5000 公里长的马里内里斯峡谷，底部南极被季节性的

火星峡谷

二氧化碳霜覆盖，而右上阿西达利亚平原沙尘暴肆虐。上为北，右为东，阳光从左边照亮火星。

火星峡谷寻"水声"

科学家对美国国家航空航天局"火星勘测轨道飞行器"发回的高清晰度图像进行分析后发现，火星峡谷中有水曾经流过的痕迹，这为"火星上可能曾有地下水"提供了研究线索。

维多利亚坑

美国国家航空航天局 2006 年 10 月 6 日利用 HiRISE（High Resolution Imaging Science Experiment）探测器拍摄的维多利亚坑图片显示，其直径 800 米、深度 60 米，机遇号火星车曾经对维多利亚坑进行过为期两年多的探测。如果躺在坑底，可以感受到陨石撞击时的激烈，体会火星地质演化的沧桑。

火星金字塔

火星海拉斯（Hellas）盆地东部有一处表层被流质沉积物覆盖的山形地带，是比埃及金字塔更壮观的大自然奇迹。

维多利亚陨石坑

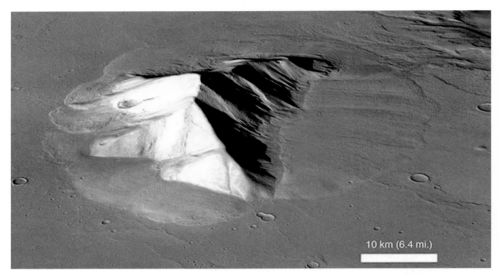

天然金字塔

▊ 信手涂鸦

美国"火星勘测轨道飞行器"于 2009 年 4 月至 8 月初期间拍摄的火星地貌的图像。

=== **火星地貌** ===

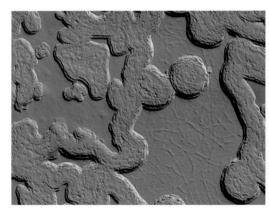 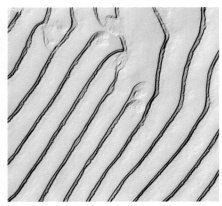

▊ 踏雪寻梅

火星的冬季，二氧化碳都懒得在空中飞舞，静静地凝结在沙地上。是否有兴趣在火星上滑雪？这里的低重力使得你摔在地上也不会感到特别疼。

116

大自然创作的艺术作品

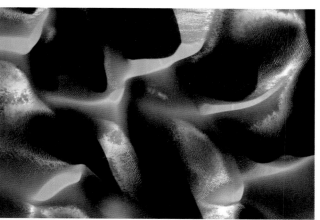 

 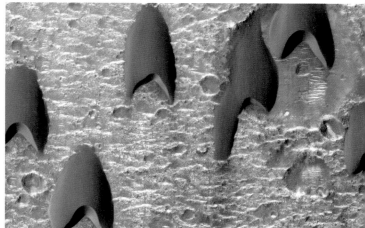

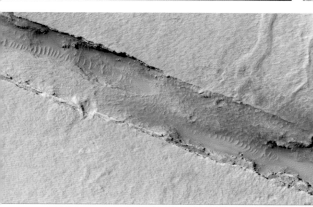 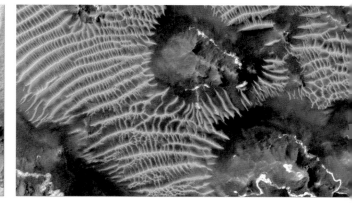

火星日出日落

睡了一个好觉，做了一个火星梦之后，清晨凉风袭来，早早起床，不要错过一轮朝阳徐徐升起，这里的日出非常短，只有短短的 80 秒，需要提前准备好相机。错过了日出，还有日落，看着在蓝色雾霭中不算亮的太阳，一起许个愿吧。

火星航天遗迹考古

如果你喜欢航天考古，可以到火星探测器着陆区去寻找一下早期人类探测火星的遗迹，也许你会发现降落伞，也许你会发现机械臂上面的研磨器研磨过的石块，也许可以找到已经失效的探测器，甚至向《火星救援》中男主角马克那样用古老的天线与地球取得联系。在火星沙地上，用石块摆出字母，向宇宙表达你的浪漫。

怎么样，火星很美，攒够了盘缠我们就出发吧！

火星日落

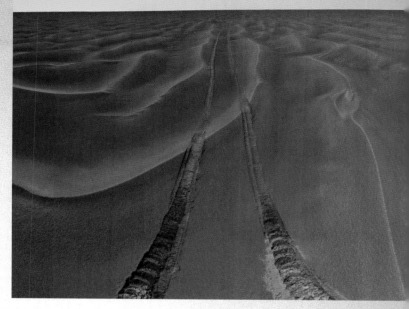

火星车车辙

制作火星车面临的难题

　　20 世纪末到 21 世纪初，美国已经发射了 5 辆火星车，即"索杰娜号""勇气号""机遇号""好奇号""毅力号"，从 11.5 千克的微型探测车，发展到约 1000 千克的中型探测车。苏联其实也曾经努力将一辆微型的火星车送到火星表面，但任务没有成功。

　　我国航天领域的专家也高度重视火星表面的巡视探测，叶培建院士多次建议实施我国自主的火星探测工程，并阐述了火星探测在科学探索、技术带动等方面的重要意义。火星探测涉及的技术领域非常多，这里主要谈论火星车。

　　火星车也是一个航天器，但与一般的航天器相比，又有鲜明的特点。根据任务要求，火星车必须具备移动性、环境适应性、自主性和服务性四个特点。

　　移动性：火星车通过移动扩展了在被探测天体上的探测范围，解决了着陆点选择追求安全，与探测目标选择追求地质特征明显之间可能存在的矛盾，为科学目标的实现提供了重要手段。

　　环境适应性：为了实现巡视探测，火星车必须具备环境适应性。除了需要面对普通航天器必须解决的真空、低温、辐射等环境适应性问题，还需要适应火星表面地形地貌、尘暴、低重力、高低温、低气压等特殊环境，任务实现过程中还需要解决远距离通信，以及长时间日凌期间的探测器自主管理问题。

　　自主性：考虑在火星表面巡视探测的实际条件，克服时延等限制，需要火

向后折展方案

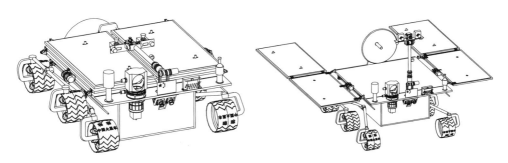

　　怎么解决这个问题呢？设计师们想了各种方案，可是仔细讨论之后，这些方案又被逐个否定。

　　先是想出了蝙蝠翅膀方案，那个时候蝙蝠还没有这么遭人恨，两侧太阳能电池板垂直收拢于火星车的侧面，然后经过两次展开，一次是从垂直翻转到水平，第二次像打开扇子一样水平展开。大家觉得这个方案太复杂了，可靠性不高。

　　设计师很快又想出了补救办法，就是收拢在火星车的顶面，这样省去了第一次翻折，面积也可以进一步扩大。但是这个方案多层太阳板之间的间隙保持还是不好解决，搞不好展开过程中会把太阳电池片碰碎。

　　继续改进成太阳毯方案。就是将电池片粘贴在聚酰亚胺薄膜上，变成柔性太阳能电池板。这个方案优点很多，最吸引设计师的就是重量，但最让人担心的是技术不成熟，如何收拢？如何控制展开后的平面度？需要解决的问题很多，特别是设计师还想控制太阳能电池板

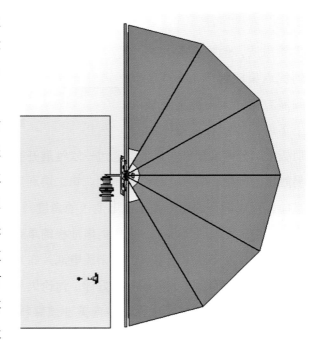

像蝙蝠翅膀的太阳能电池板

对日定向，让阳光垂直照射太阳能电池片，尽可能地多发电，这个方案实现起来困难很大。

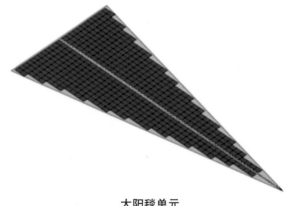

太阳毯单元

设计师想到了把不利于布片的三角形改为矩形柔性太阳能电池板。柔性太阳毯收拢状态下，压紧在车顶板边缘，当火星车着陆后，压紧释放装置解锁，在折叠撑杆的根部和杆件铰链的作用下，撑杆侧向打开，带动撑杆上太阳毯展开。

就在要下最后决心的时候，总体主任设计师有了新想法，他把各种方案的优点集成起来，形成了四展方案。太阳能电池板上下两层收拢在火星车的

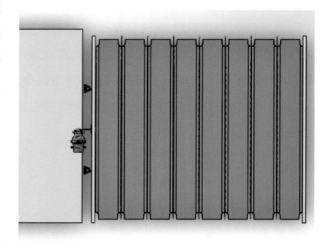

矩形太阳毯示意图

顶板上，分两次展开。最上层通过一次性展开装置向侧后方展开，解决后展容易触地的问题，展开之后锁定不动。第二层利用机构向两侧展开，根据太阳的方向，可以调节这两个太阳能电池板的角度，对日定向。"四展太阳能电池板方案"中上图是收拢状态，太阳能电池板简单可靠压紧在车体上；下图是展开后的状态，能够获得足够大的太阳能电池片布片面积。

这个方案得到了大家的一致好评。讨论火星车像什么的时候，大家觉得像一只蓝闪蝶。蓝闪蝶是生活在中南美洲蛱蝶科闪蝶属最大的一个物种，长约15厘米，翅膀呈金属光泽，所取的名称意思是美丽、美观。

四展太阳能电池板方案

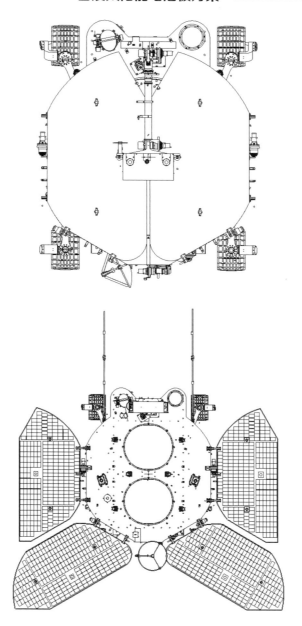

　　火星车的太阳能电池片是深蓝色的，展开后像是蝴蝶的四个翅膀，两根天线向前展开，就像是蝴蝶的触角，车体前方的两台圆柱形设备，模拟的是蝴蝶的复眼，不过六足被六个车轮代替了。仔细对比蓝闪蝶图片，很像吧？！

蓝闪蝶方案

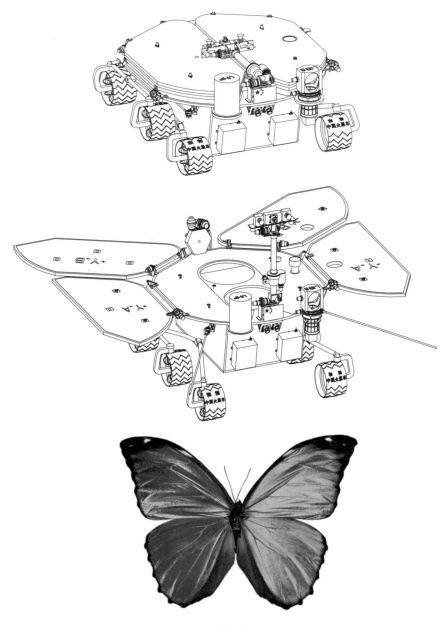

蓝闪蝶

设计火星车的时候，设计师们铆足一股劲儿，要把火星车设计得功能强大，而且要是一辆漂亮的火星车，他们的目标实现了吗？

火星车设计中的"克克计较"

——以集热窗的设计优化为例

　　深空探测任务面临的一大难题就是资源紧张。资源紧张体现在各个方面，功率、信道等都紧张，但是最突出的矛盾还是重量。长征五号运载火箭作为我国运载能力最大的运载火箭，起飞重量约 870 吨，近地轨道运载能力 25 吨，地球同步转移轨道运载能力 14 吨，地月转移轨道运载能力 8 吨，地火转移轨道运载能力大约是 5 吨。也就是说，深空探测任务需要运载火箭提供较大的入轨速度，火箭的运载能力就变小了，深空探测器设计时，必须重点关注减重这个难题。

　　在火星探测器设计过程中，毫无疑问减重是设计方案制定过程中最棘手的问题之一。别看探测器的重量是 5 吨，但这是所谓湿重，为了满足在火星附近刹车制动和落火过程动力减速的需要，其中一半以上的重量要留给推进剂，探测器的干重只有 2 吨多。

　　由于任务复杂，探测器又被分为环绕器、进入舱、火星车等组成部分，留给火星车的重量大约只有 240 千克。为了尽可能多地携带科学探测仪器，火星车的设计优化过程，一直贯穿着"减重"原则。火星车所有设备，都经历过严格的"瘦身"。

　　保证火星车设备的温度水平是火星车热控分系统的主要任务，火星表面温度变化很大，着陆点最高温度出现在中午时分，不会高于 –3 摄氏度，最低温度出现在黎明前，不会低于 −103 摄氏度，因此火星车热控设计面临的主要问题是如何保温。

如果电能充足，可以给每个设备都配上加热器，需要的时候通电加热就可以了，可是问题不那么简单——电能也不富裕。要想获得更多电能，继续扩大太阳能电池板的面积，重量又承担不起，这些难题逼迫火星车的师傅们要想出更高明的办法。

光能转换成电能，效率只有 30%。师傅们另辟蹊径，提出光能如果直接转化成热能，效率会高很多。他们在火星车顶部，前后安装了两台叫做集热窗的设备，有点像双筒望远镜，它可以把太阳能直接吸收，转化成热能。

下面就仔细介绍一下这些聪明的设计师是怎么解决这个难题的，同时介绍深空探测任务中如何实现减重的细节。

光学窗

第一个难题是窗口材料的选择，要求是太阳光能只进不出。换成技术语言就是，集热窗透光口具有太阳光谱能量高透过率、远红外光谱低透过率的特性。

师傅们开始寻找合适的材料，最先被关注的是石英玻璃。石英玻璃具有最佳的透紫外光谱以及透可见光和近红外光谱的性能，透过率可达 92% 以上，玻璃内、外表面镀增透膜后性能更佳。石英玻璃对波长 4.5 微米以上红外光有强烈的吸收特性，远红外辐射透过率低于 5%，从性能看，很适合作为光学窗的材料。石英玻璃还具有极低的热膨胀系数（是普通玻璃的 1/12~1/20），耐温性能优越，但是耐冲击性能较差，针对探测器要经历的力学环境，需要精心考虑隔振措施。

一轮设计下来，结果不理想。石英玻璃是脆性材料，抗拉强度只有 70MPa，根据飞船舷窗的设计经验，按照火星探测器发射时的力学环境条件进行分析，玻璃的厚度达到 6 毫米，一块玻璃的重量达到 3 千克。还要考虑铝合金安装框 3.5 千克、减震圈 0.9 千克，总重量达到了 7.4 千克，这还只是一个集热窗的重量，两个集热窗的重量将接近 15 千克！

首先在光学窗上想办法。设计师首先想到了把石英玻璃换成钢化玻璃。钢化玻璃是将平板玻璃通过物理或化学的方法处理，使玻璃表面形成压应力，内部形成张应力，从而获得的高强度、高韧性的玻璃。物理钢化是先将玻璃加热到一定温度，再通过空气或其他方式快速冷却，但是不容易控制平面度。化学钢化则是通过离子交换在玻璃表面形成压应力，内部形成张应力，更适合集热窗使用。钢化玻璃强度高，韧性好，抗热冲击性能优越，被广泛地应用于建筑幕墙、汽车、火车等领域中。经过钢化处理过的玻璃，抗冲击强度提高 4~5 倍，但钢化后玻璃不能再进行任何切割、磨削等加工。

超白钢化玻璃的可见光透过率约 91%，比石英玻璃性能略差，其不能加工的缺点可以克服，提前加工好，再进行钢化就可以了。用钢化玻璃，厚度可以减小到 2 毫米，可以实现减重 4 千克，但还是无法承受！

有设计师建议用有机玻璃，密度低、可加工、耐冲击性极好，是目前性能最优良的高分子透明材料，广泛用于飞机的座舱盖、风挡、医疗设备等场合。有机玻璃的可见光透过率可达 92%，密度只有玻璃的一半。但是有机玻璃表面硬度较低，容易出现划痕，耐清洗和耐擦拭性能较差。这些缺点可以通过严格的过程控制进行防护，实在不行还可以换新的，这样重量又减少了 1 千克。

设计师们脑洞大开，既然有机玻璃可以，那变成一张透明膜是不是也可以。便抓紧找到国内相关单位设计、生产了一种厚度仅有几十微米的聚酰亚胺膜，一番测试，其他性能满足要求，尤其是重量，两片膜重量只有不到 100 克！只是可见光谱段的透过率为 90%，这可以通过开大窗口解决。

▌安装框

受到光学窗减重成绩的鼓舞，设计师们把减重大刀又砍向了安装框。首先想到把材料从铝合金改为镁锂合金。镁锂合金是迄今为止密度最小的合金材料，一般为 1.35~1.65 克每立方厘米，是所有金属结构材料中最轻的，比普通镁合金轻 1/4~1/3，比铝合金轻 1/3~1/2。这个办法虽然实现了减重 2.6 千克，可是两个安装框还是需要 4.4 千克。设计师们还是不甘心。

一个新思路是 3D 打印，不用把安装框做成一个金属实体，可以打印成或密或疏的金属网格。这个办法可以根据力学需要精细设计，量材为用，没有一

3D 打印

点赘余。计算下来，两个安装框的重量可以再减少2.6千克。

有人认为这个方案并不可取，原因是在火星表面100摄氏度温差下，聚酰亚胺膜会有热胀冷缩，用金属框会导致变形不匹配，膜绷不紧或者拉破，框材应该也改为聚酰亚胺材料，变形相同。保证光学膜始终处于绷紧状态这个好处，让师傅们更加喜欢，而且这个方案重量还可以更轻。

减重工作到此结束。可能有读者会问，不是还有一个减震圈吗？怎么不考虑减震圈的减重？由于把玻璃窗改成膜窗，已经不需要减震了，重量直接变为零！这样两个集热窗的重量从开始的14.8千克，减少到1千克。

▌ 热能存储

热量进入集热窗，可是怎么收集、储存呢？设计师仔细分析火星车在白天和夜晚的温度水平，选择了一种叫做正十一烷（$C_{11}H_{24}$）的物质储存能量。这种材料的相变点为 –25 摄氏度，相变潜热141千焦每千克。在火星白天，温度升高，物质吸热融化，储存热能。到了晚上，温度下降，在凝固的过程中，释放热能，保证火星车设备的温度水平符合要求。由于能量的转换方式变成了"光能 – 热能 – 相变能 – 热能"，能量利用效率可以达到80%以上。

▌ 优化设计结果

集热器采用高透过率的透明聚酰亚胺薄膜作光学组件，制备新型的高太阳吸收率、低红外发射率的热控涂层，实现对太阳能的高效收集和低的对外漏热；集热窗设计上凸造型的支撑结构，用于减少火星尘土在集热窗表面上的积累，降低尘土对集热窗集热性能的影响；针对火星表面的大温差环境，采用同种材料制造并实现热变形自适应。

　　整个集热窗由膜安装结构和膜支撑结构两部分组成：前者用于膜的固定，并维持膜的形状，安装在火星车顶板上表面；后者保证在各种工况下，膜保持上凸的状态。两部分分别安装在顶板不同的位置上，只利用支撑结构的金属丝对膜进行支撑。

集热窗优化结果

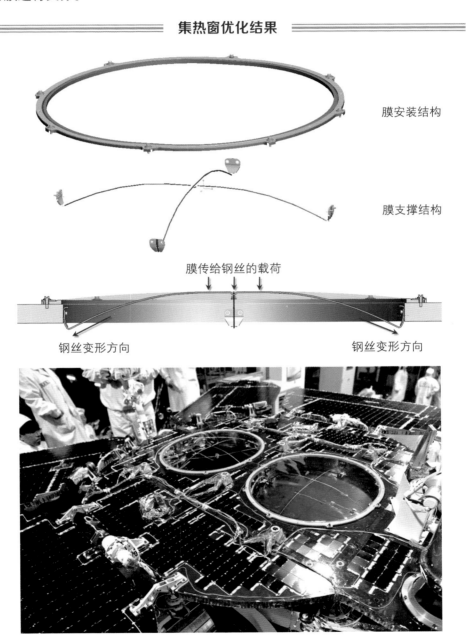

膜安装结构

膜支撑结构

膜传给钢丝的载荷

钢丝变形方向　　　　　　　　　　　钢丝变形方向

　　火星车设计过程中，重量一直是需要关注的一个重要因素。通过对集热窗设计优化过程的介绍，可以看出设计师们是如何殚思竭虑地开展设计优化工作的。优化过程不只是考虑单一指标是否最优，而是综合考虑环境影响、设计约束，从系统方案、单机设计、生产工艺等各方面入手，努力做到"克克计较"，达到系统最优。

神奇的隔热材料

火星表面的温度比地球低得多，最低温度约为 -123 摄氏度。在这样的低温环境中，火星车如何解决保温问题呢?

其实地球轨道的航天器、月球表面的探测器也面临着恶劣的温度环境，为了维持航天器设备在比较舒适的温度环境下工作，一般给航天器穿上一种叫做多层隔热组件的“衣服”，这样无论外界环境冷还是热，航天器都不受影响。

可是多层隔热组件只有在真空中才具备良好的隔热性能，在火星表面 800Pa 左右的二氧化碳气体环境中，它的隔热效果就丧失了。这就是火星车需要采用气凝胶隔热的原因。

气凝胶是一种分散介质为气体，由胶体粒子或高聚物分子相互聚积成网络结构的纳米多孔性固体材料。气凝胶网络结构的基本粒子直径为 1~20 纳米，孔洞尺寸为 1~100 纳米。由于材料内的孔径小于空气分子的平均自由程，能有效地抑制气体对流。

那么，气凝胶有什么神奇之处呢?

（1）隔热性能好

用于绝热的聚四氟乙烯的导热系数为 0.27W/（m·K），而纳米气凝胶的导热系数一般为 0.02W/（m·K），仅为聚四氟乙烯的 1/13。这是因为在火星大气环境下小间隙滞止了二氧化碳气体，让对流换热发展不起来，气凝胶的微

观结构比较薄，传热路径长，降低了热传导能力。因此，低密度的纳米气凝胶是火星车热控系统的最佳隔热材料。

（2）重量轻

铁的密度是 7.8×10^3 千克每立方米，也就是说每立方米的铁，重量达到 7.8 吨；空气的密度是 1.29 千克每立方米，即每立方米的空气，重量为 1.29 千克。火星车使用的气凝胶密度是 30 千克每立方米，大约是空气的 23 倍，气凝胶生产过程中凝胶中的液体被气体取代，形成非常多的空洞及结构胞元，因此密度极低。

低密度二氧化硅气凝胶块体表观呈淡蓝色，由于密度低，块体可以稳定地停留在一朵真实的月季花的表面。该材料还具有较好的透明性，可以清楚地观察到月季花的细微结构。

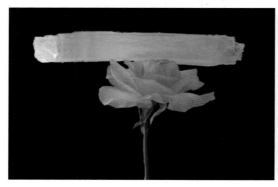 

气凝胶材料很轻　　　　　　　　　　气凝胶透明性良好

（3）性能稳定

气凝胶的材质有多种，在火星车中应用的气凝胶成分是二氧化硅，在空间辐射环境中，这种材质耐受空间高能辐射的能力很强，不会发生性能的退化。采用 $^{60}Co\gamma$ 辐射源，对样件进行裸露辐照，结果显示，导热系数几乎没有发生变化，结构与性能稳定。

火星车使用的气凝胶是怎么制备出来的呢？

制备过程主要分为溶胶–凝胶过程和超临界干燥过程。首先通过溶胶–凝胶过程形成三维纳米的湿凝胶孔洞结构，然后采用超临界干燥技术在零表面张力的条件下，去除孔洞结构中的溶剂，而保持纳米结构不被破坏，最终形成气凝胶材料。

通过电子显微镜（TEM）观察气凝胶的微观结构，低密度气凝胶的骨架结构尺寸为 2~5 纳米的链状结构组成的多孔网络结构，其孔的尺寸多为 20 纳米左右，同时也存在少量的大于 100 纳米的大孔结构，这是低密度气凝胶的典型特征。

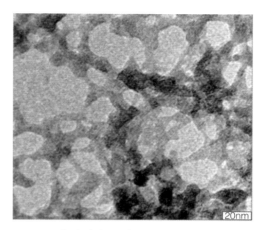

低密度气凝胶电子显微镜图

但是这样的气凝胶无法用于工程，因为除了具有极佳的隔热性能外，还要求在极低密度条件下，材料具有一定的强度，可机加为异型面的结构，进行组件的装配，因此还需开展增强体复合成型技术研究，形成低密度气凝胶复合材料，使低密度气凝胶材料具有工程应用价值。

加工后的气凝胶

选用密度为 7~10 千克每立方米的聚合物泡沫材料，为低密度气凝胶提供较好的骨架强度，最终形成了密度小于 30 千克每立方米的低密度纳米气凝胶复合材料。所制备的低密度气凝胶复合材料为白色块体，具有一定的结构强度，可进行手持安装。可机加为圆角和直角结构，有利于进行部组件组装，形成隔热组件，进行工程应用。

低密度气凝胶复合材料

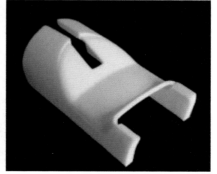

泡沫增强后，气凝胶复合材料的密度为 28~30 千克每立方米。测试隔热性能，发现密度为 25 千克每立方米的纯气凝胶块体室温导热系数为 0.030W/（m·K），而气凝胶复合材料的室温导热系数降为 0.022W/（m·K）。这是因为气凝胶对于近红外辐射几乎全透过，而聚合物泡沫的引入，可增强其红外遮挡性能，从而提高了隔热性能。

测试低密度纳米气凝胶材料在不同气压和不同温度下的导热系数，结果表明，在真空低温条件下，气凝胶材料导热系数具有极低值。随着压力的升高，材料的导热系数上升，其原因在于随着压力的升高，气体分子单位体积密度变大，碰撞频率加剧。随着温度的上升，导热系数也呈上升趋势，这是因为温度上升后，气体分子活动加剧，引起气相热传导的上升，同时固相热传导也随着温度上升而升高。

其实，气凝胶不仅用于火星车隔热，还可以用于发动机等设备的高温隔热，在美国星尘号探测器中，用气凝胶固定被探测星体的颗粒，并把这些颗粒带回地球进一步研究。而且，气凝胶作为保温隔热材料还可以广泛应用于航空航天、建筑、石油、热力等各个领域，应用前景广阔。

火星车的被动悬架与主动悬架

悬架是星球探测车移动系统的重要组成部分，其主要作用是将车身与车轮（或车轴）连接起来，传递作用在车轮和车身间的力和力矩，缓和星球表面传给车身的冲击载荷，衰减由此引起的系统振动，保证探测车的行驶平顺性，保证车轮在路面凸凹不平时有理想的运动特性，保证探测车的稳定性。可以说悬架结构形式和性能在一定程度上决定了星球探测车的运动能力，而且关乎系统性能。

按控制方式，悬架可分为被动悬架、主动悬架两大类，被动悬架又分为弹性悬架、摇臂式悬架等多种形式。

（1）弹性悬架

在 20 世纪 60 年代到 80 年代，星球探测车的早期发展阶段，来源于地面车辆的弹性悬架得到了广泛的应用。

典型的基于弹性悬架的无人月球车是苏联开发的 Lunokhod 1&2 月球车。这两辆月球车分别于 1970 年和 1973 年登陆月球，其车轮模块安装在仪器舱上，用一套由扭杆弹簧组成的弹性悬架完成对月面形貌的适应。

典型的基于弹性悬架的载人月球车是美国在阿波罗 15、16 和 17 任务中使用的 LRV 月球车。其悬架由扭杆弹簧和阻尼器等组成。

苏联的Lunokhod月球车

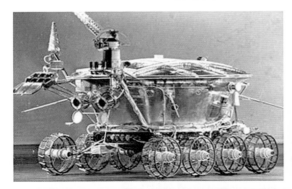

美国 LRV 月球车

（2）摇臂式悬架

1990 年美国喷气推进实验室（JPL）的 Bickler 提出了著名的 Rocker-bogie 悬架结构，此后众多的研究人员对此进行了研究，并取得了大量的研究成果。美国前期发射的 4 辆火星车，均采用摇臂式悬架，而且实际工作表现大大超过预期，我国玉兔号月球车也采用的是这种摇臂式悬架。

摇臂式悬架提高了星球探测车的移动能力，并已经成为目前主流悬架结构形式。摇臂式悬架不包含弹性元件，仅仅通过杆系和铰链将车轮和车身连接起来。这种结构形式不但能承载车身，固定车轮，而且还可以通过摇臂的调整作用，使移动系统能被动地适应复杂地形，从而提高星球探测车的运动灵活性、地形顺应性和越障能力。

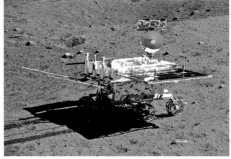

Rocker-bogie 悬架　　　　　　　　玉兔号月球车的悬架结构

（3）主动悬架

上述两种悬架均属于被动悬架，而主动悬架依靠驱动装置改变悬架的状态，对悬架形态的恰当控制，能够最大程度地发挥悬架的适应地形能力和辅助越障能力。地面上的越野车，在通过复杂地形时改变质心高度，就是主动悬架的一种应用。

美国是最早开展星球车主动式悬架研究的国家，例如采样返回漫游车SRR（Sample Return Rover）于 1997 年开始开发，采用四轮摇臂式行走结构，包括一个可变摇臂关节，可以调节关节角度，实现下蹲、直立和向左或右倾斜；可以根据地形情况调节车体离地间隙，改变探测车姿态。

SRR的姿态调节功能

火星是太阳系中与地球最相似的行星，火星探测是近年来深空探测的热点。火星表面地形复杂，既有陡坡、大石块，也有松软的沙地。美国火星车在火星表面探索的过程中就曾经遇到难以翻越的沙土质陡坡，也曾经陷入到沙土当中无法移动，因而，如何让火星车适应火星表面复杂的地形成为亟待解决的问题。

火星车以自主行驶为主，容易出现车体被石块"托底"情况；火星表面土壤存在塌陷的可能，火星车车轮可能被陷死。主动悬架能够合理地调整悬架的形态，实现车体高度、角度的变化，抬起某个车轮，避免车体被石块卡住，减少车轮下陷。另外，主动悬架有利于火星车与着陆平台的压紧释放设计，在火星车与着陆平台分离前，主动悬架处于压缩状态，使火星车车体与车轮均能够与着陆平台保持接触，简化压紧设计；在解锁后，主动悬架伸展，火星车处于"站起"状态，分离方式简单。

因此，为适应火星复杂地形环境，提高越障能力和脱困能力，同时满足压紧、释放设计需求，火星车悬架采用主动悬架是一种技术发展趋势。

对主动悬架的设计而言，最关键的是主动悬架机构的设计。一般采用两种实现思路。一种思路是在被动悬架机构的基础上进行某种添加或改进，使被动悬架变为主动悬架，也就是被动悬架主动化思路。其特点是可以充分继承已有的被动悬架构形，设计和实现相对简单，但悬架的重构能力会受到原有构形的限制。另一种思路是采用全新设计的主动机构和作动器，通过机构自身的变形能力，实现整个悬架系统的构形可重构。这一实现思路的特点是机构设计十分复杂，但悬架重构能力好，综合性能好。

目前更多的主动悬架火星车设计实现是基于被动悬架主动化思路而开发，通常又采用以下两种途径：

（1）主动关节式悬架机构

通过对被动悬架运动机构添加电机和致动器，将某些被动关节转化为主动关节，从而使悬架机构能在运动控制系统的协调控制下进行重构，实现悬架的变形能力，进而提高对地形的适应性。

（2）混合轮腿式悬架机构

在车身或被动悬架的基础上，通过附加主动混合轮腿，实现悬架系统的可重构。这一实现途径赋予了火星车移动系统一定的可重构能力和主动轮步能力，提高了对复杂路面和土壤条件的适应性，但多轮腿的协调运动控制相对复杂。

利用主动悬架移动系统，可以实现三种运动模式。

（1）被动悬架运动模式

主动悬架火星车构形采用通用配置参数，并保持主动悬架机构的主动关节锁定，此时的悬架为被动悬架，处于对环境的被动适应状态。当火星车在平坦的硬路面上运动时，适合采用这种模式。

（2）主动悬架运动模式

在此模式下，主动悬架机构的主动关节将解除锁定，主动悬架火星车的构形可以根据环境的变化进行主动调节。这种模式适用于不平坦和不规则的路面状况。

（3）轮步运动模式

在此模式下，火星车具有轮步运动能力和蠕动运动能力。这种模式适用于难于通过的软土壤等复杂的环境情况。当火星车处于深陷状态而无法脱离时，就可以在这种特殊模式下脱离困境。

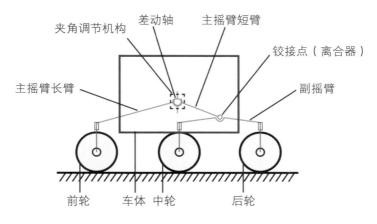

主动悬架简图

总之，具有主动悬架的火星车，可以更好地适应火星复杂的环境，满足任务的需要，具有良好的发展前景。

火星的光

　　能源一直是火星车设计中最需要关注的问题。探测设备工作需要电能，维持设备的温度不能过低需要能源，火星车运动也需要电能驱动，为了在火星表面正常工作，火星车必须获得足够的能源。但是，火星距离太阳比地球远，到达火星的阳光强度只有地球轨道的 40%，经过火星大气之后，就变得更弱了。受到重量的限制，火星车的太阳能电池板不可能很大，所以必须仔细研究火星表面光的特性。

　　火星表面存在大气，表层太阳光经过大气后，一部分光到达火星表面，形成直射光，另一部分光被空气尘埃等阻挡发生漫反射，形成散射光，另外火星表面反射的光也是散射光光源的一部分。

　　火星距离太阳比地球远，太阳辐射光强变弱，设计火星车太阳能电池板时，不但要考虑直射光对太阳能电池发电的作用，还要考虑散射光的贡献。

　　以美国机遇号火星车为例，其太阳能电池面积为 1.3 平方米，采用三结砷化镓电池，太阳能电池板展开为水平状态，不具有对日定向能力。初始着陆时，每天能够产生最多 900 瓦时的电能，前十天每天产生的电能不少于 800 瓦时，寿命末期每天产生的电能不少于 600 瓦时。

　　机遇号火星车使用 MiniTES 光谱仪测光深。通过测量直射光辐照强度，利用公式

$$F = F_0 \times e^{\frac{-\tau}{\sin(\theta)}}$$

反推光深 τ。其中，F 为光谱仪感知的直射光光强，F_0 为火星大气外层太阳光光强，θ 为阳光高度角。

如果只考虑直射光作用，则机遇号太阳能电池寿命初期峰值功率为 80 瓦。实际上机遇号太阳能电池寿命初期每日发电能力为 800 瓦时，折合峰值功率约为 178 瓦。

也就是说此时散射光贡献约为 98 瓦，在光深 0.9 时其发电作用甚至超过直射光。因此在火星车太阳能电池板设计中，必须考虑散射光的作用，才能保证系统设计更优。

在各种高效太阳能电池的空间应用中，比较成熟的是三结砷化镓太阳能电池，光电转换效率可以达到 30%。可是在火星探测任务之前，空间三结砷化镓太阳能电池均是针对地球大气层外的太阳光谱设计、制造的。由于月球没有大气，月球表面的阳光光谱没有变化，月球探测器的太阳能电池不需要改变就能适应。

在火星探测任务中，环绕器的太阳能电池也不需要调整，虽然火星距离太阳更远，但火星大气层外阳光的光谱并没有发生变化。可在火星表面工作的火星车，面临的问题就比较麻烦了。

火星大气层的厚度约为 100 公里，阳光经过火星大气后，强度会变弱，不同颜色的光大气透过能力不同，太阳光中蓝光透过率只有 70% 左右，而红光的透过率可达 85% 左右，导致火星表面光谱偏红。这是由于火星大气分子及悬浮尘埃的存在，太阳光在穿过火星大气层到达火星表面的过程中会被吸收和散射，造成火星光强进一步降低，不同波长光的吸收和散射的性质是不同的，造成火星光谱出现较大的变化，典型的表现为短波段光强衰降更剧烈，太阳光出现"红偏"。天气晴朗时光谱改变比较小，大气透明度愈差，光谱愈向波长更长的方向变化。通俗地讲，火星表面阳光变得更弱、更红了。

三结砷化镓太阳能电池本质上是串联的三个子电池，三个子电池分别对应不同波长范围内光的吸收，光谱的不同直接影响三结砷化镓太阳能电池的光电转化效率。由电路理论可知通过串联电路的电流是唯一的，三个子电池产生电流的能力不同，但整个电池输出的电流将被限制为三个子电池中的最小电流。

火星表面光谱对应短波能量更弱，长波能量更强，这将导致顶电池电流变得更低，中电池电流变得更高，使顶、中子电池结间电流失配进一步扩大，严重影响电池的整体电流输出。分析表明，电流失配程度超过 9%，也就是说大约十分之一的能力无法发挥出来。

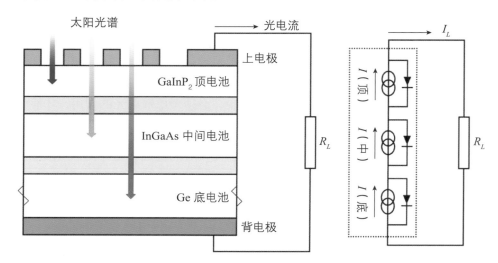

三结砷化镓太阳能电池结构和光谱吸收示意图

火星车的师傅们不甘心，一定要把这部分损失夺回来。他们研究火星表面不同波长的光对应的发电能力，精心调整三结砷化镓太阳电池的配方和工艺，提高顶电池的发电能力，让三结电池的发电能力尽可能发挥出来。

经过优化后，这种火星车专用的光谱匹配太阳能电池短路电流超过常规太阳能电池 8%~11%，在火星表面光谱下，光电转换效率提高到 31.3%。

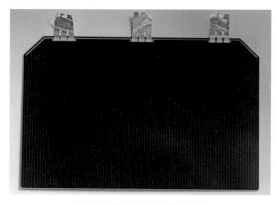

火星光谱匹配太阳能电池

火星移动
智能体

　　地火之间距离遥远，火星车工作时，状态信息传到地面需要 15~20 分钟，地面的控制指令传送到火星车又需要相同的时间，所以如果完全由地面工程师管控火星车，不可能很及时。

　　在实际任务执行过程中，需要考虑的问题还有很多。由于火星的自转，大约有一半时间，火星车处于地面不可见的状态，也就是说，即使地面多建设几座深空站，每天 24 小时连续监测，仍然有大约一半时间无法与火星车直接取得联系。当火星、太阳、地球三者近似处于一条直线上的时候，就会出现日凌现象，这时来自火星车的信号，会被太阳的强辐射湮没，大约 30 天左右的时间，无法收到探测器的任何消息。

　　解决星体遮挡导致的通信中断问题，有一种办法就是利用中继星，嫦娥四号任务中探测器软着陆之后，与地面之间的联系就是依靠鹊桥号中继星。在火星探测任务中，环绕器在完成科学探测任务的同时，兼当中继星。但是因为只有一颗中继星，只能解决部分时段与火星车之间的通信问题，在一天的大部分时段中，火星车的信息没有办法传回。日凌时段，更是涉及行星际数据中继这个更困难的问题，暂时还没有有效措施。

　　然而，火星车在移动的过程中，随时面临障碍不能通过、车轮沉陷导致滑移增大等危险。火星环境是动态变化的，火星车本身也可能突发状况，比如设备故障，能源不足，负载电流异常，设备温度过高或者过低，确定车体姿态失败等，这些问题需要及时采取针对性的技术措施。

为了解决上述矛盾，火星车必须具备自我管理的能力，就是通常所说的自主。系统的复杂性、任务的复杂性和环境的复杂性又决定了上述自主能力不是若干简单的逻辑判断，而是要求火星车具备一定的智能，具备处理复杂问题的能力。

从 1956 年正式提出人工智能六十多年来，人工智能技术已取得长足的发展，成为一门应用广泛的交叉和前沿学科。现在计算机已经变得十分"聪明"了，例如，1997 年 5 月，IBM 公司研制的深蓝（Deep Blue）计算机战胜了国际象棋大师卡斯帕洛夫（Kasparov）。火星车自主功能的实现，需要利用基于人工智能发展形成的移动智能体技术。火星车的自主能力包括自主电能管理、自主通信管理、自主导航控制、自主数据管理等方面。

巡视器的自主能力发展

火星车作为在火星表面开展巡视探测的特殊航天器，由于通信时延等因素的限制，必须具备一定的自主能力，提高工作效率，确保自身安全。从只能完成简单的任务，发展到可以完成比较复杂的科学探测任务，火星车的自主能力不断提高，已经从遥控型火星车发展到遥操作型火星车，进一步向移动智能体型火星车发展，智能体火星车是巡视器技术、机器人技术、智能体技术集成发展的结果。

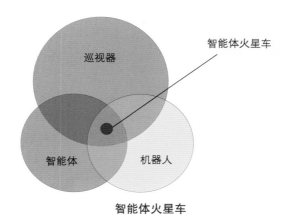

智能体火星车

在研制早期，设计师们对我国火星车自主功能的实现进行了重点研究。从复杂环境及其效应、工作程序、故障预案等维度梳理火星车自主功能需求，确定了打造火星移动智能体的目标。

在复杂环境及其效应方面，主要考虑火星表面自然环境出现极端恶化的情况时，火星车如何应对。例如，在出现沙尘暴时，火星车获得的电能减少，不足以维持正常工作模式的需要，可以采取减少工作设备，降低工作目标，甚至进入保生存为第一要务的安全模式；在火星车移动过程中，滑移率需要维持在合理的范围内，如果出现车轮在运动而车体基本不动的情况，说明出现了大滑移，这时应避免继续向目标位置前进，以免发生沉陷。

在工作程序方面，将火星车经常使用的指令序列集成为工作模板，模板之间依条件自动切换，提高对火星车操控的效率。设计师们针对火星车驶下着陆平台设计了分离工作模板，针对火星表面工作更是设计了以一个火星日为周期的正常工作模板、最小工作模式模板、休眠模板等多个模板，根据系统能源状况自主切换。

在故障预案方面，凡是必须立即处理的故障，在火星车上均制定了应对策略，无论是设备出现故障后的备份切换，还是不合理测量结果的剔除，无论是机构运动干涉的判断，还是执行指令之后结果不符合预期时的应对，火星车上自主实现了故障诊断、故障处置等功能。针对特别复杂的故障情况，火星车也需要确保系统立即进入到安全状态，再将数据传输至地面，寻求进一步的支持。

综合上述功能的信息获得、传输关系，并对相关算法进行集成，形成火星

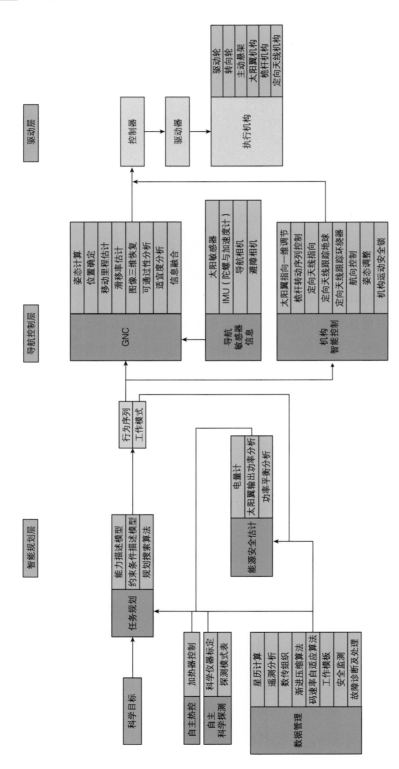

火星车自主功能方案框架

车自主功能实现方案框架。整个框架采用分层递进式结构，自上而下分为智能规划层、导航控制层、驱动层三个层次。

　　智能规划层主要是任务规划、自主热控、自主科学探测、数据管理、能源安全估计等方面的需求，通过任务规划给出火星车的目标点序列、行为序列和工作模式。其中，任务规划部分包括能力描述模型、约束条件描述模型、规划搜索算法等模块；自主热控包括加热器控制等模块；自主科学探测包括科学仪器标定等模块；数据管理包括星历计算、渐进压缩算法、码速率自适应算法、安全监测、故障诊断及处理等模块；能源安全估计包括电量计、太阳能电池板输出功率分析等模块。

　　导航控制层根据任务规划结果，进行环境感知、建模，姿态、位置确定，以及路径规划，给出各执行机构的控制策略。其中 GNC 包括姿态计算、位置确定、移动里程估计、滑移率估计、图像三维恢复、可通过性分析、适宜度分析等模块，导航敏感器信息包括太阳敏感器、导航相机、避障相机等敏感器获得的数据信息，机构智能控制包括桅杆转动序列控制、航向控制、姿态调整等。

　　驱动层根据导航控制层给出的控制策略，通过控制器和驱动器，转化为相应指令，控制执行机构完成各项动作。执行机构主要包括驱动轮、转向轮、主动悬架、太阳能电池板机构、桅杆机构、定向天线机构等。

　　三个层次自上而下逐步分解任务，上一层的计算结果作为下一层规划的目标，通过分层求解的方法分解复杂的火星车自主规划与控制问题，完成从科学目标到指令间的映射。三个层次自下而上逐步反馈信息，执行动作后的结果信息由下一层反馈到上一层，作为上一层的输入或者约束。比如，驱动层执行的动作将导致控制对象——火星车状态变化，再通过敏感器的感知反馈到导航控制层；而导航控制层计算出的姿态和位置数据又将反馈到智能规划层，作为任务规划、自主热控、自主科学探测、数据管理、能源安全估计等模块的输入或者约束条件。

火星车的图像
压缩

　　对未知环境的探索是人类发展的永恒主题，火星与地球有许多相似之处，一直是深空探测的重点目标。在我国首次火星探测任务中，火星车会传回火星表面的图像信息，进一步增进人类对这个星球的认识。

　　对陌生环境进行探索，图像信息无疑是最直观也是最核心的信息。由于图像信息中含有相当多的时间和空间冗余，导致图像信息的数据量非常大。火星与地球之间距离为（0.56~4）×10^8 千米，从火星到地球的通信链路带宽受到很大限制，在深空数据源端对图像进行压缩无疑是提高信息回传效率的必由之路。深空探测器的特点是资源宝贵而有限，火星车的处理能力不会像地面计算机这样强大。因此，需要根据火星探测任务的应用需求，统一考虑图像数据的压缩及传输两个环节，从应用层面设计总体最优的图像数据的压缩及传输方案。

▎国外火星车图像压缩算法

　　1997 年，火星登陆器探路者（Path Finder）首次发回了火星岩石及地面景物的大量照片，该项目使用改进的 JPEG 算法进行图像有损压缩编码，使用 RICE 算法进行图像无损压缩编码，RICE 算法由 JPL 开发，压缩比为 1.3：1~2：1，改进的 JPEG 算法由德国布伦瑞克大学开发，压缩比为 2：1~24：1。

2004 年 1 月 4 日和 1 月 25 日，美国勇气号和机遇号火星巡视探测器（MER）分别安全抵达火星表面，火星车携带了全景相机等 10 台 5 类成像传感器（其中 4 对为立体相机对），成像传感器所产生的科学遥感和导航数据占全部回传数据的一半以上。为了优化使用数据下传资源，NASA 分别开发了性能先进、符合深空探测特点的 ICER 图像压缩软件和 LOCO 低复杂无损压缩软件。

MER 的有损图像压缩由 ICER 软件完成。MER 的所有图像都是 1024×1024 像元，12 比特每像素的图像。在压缩的性能方面，要求导航等图像被压缩成接近 1 比特每像素，多谱段全色图像压缩码率要求低于 0.5 比特每像素，辐射校正目标图像的压缩码率要求为 4~6 比特每像素。立体图像对按每个图像单独压缩处理。

MER 用 LOCO 压缩算法进行无损压缩，这是一个基于小波变换的图像压缩算法，其压缩速度比 ICER 快。

功能需求分析

深空探测任务数据传输的难度主要在于经过远距离的传输信号变得极弱，为了保证接收端的信噪比，只能限制通信带宽，也就是降低信道容量。为解决大量图像数据下传问题，必须在保证所需图像质量的前提下追求更大的压缩比，另外针对信道噪声大和压缩数据受干扰后容易产生影响的特点，采取有效的错误抑制策略，限制深空信道中数据遗失的影响是必要的。在数据的组织和传送策略上采用灵活的解决办法，提高任务效率也是值得研究的方面。

当几何和辐射保真度要求最高时，无损压缩是最高需求，质量可以接受的有损压缩，更能适应一般的任务需求，即火星车压缩任务应该提供质量可控的有损和无损压缩能力。

火星车同一般航天器的共同特点是资源昂贵而有限，无论是计算机的处理速度还是存储容量，都不如地面设备的资源充分。因此，图像压缩方法应该具备压缩性能优秀、灵活的数据组织和回传功能，以及一定的抑制数据损失影响的功能。它将使得容量有限的信道对任务的支持更灵活更高效。

结合我国火星探测特点，火星车遥感图像的压缩算法需求包括以下几点。

（1）压缩比可控

通常信源中存在对应用不重要的大量细节信息，光学相机解析能力具有超过实际需求的余量。因此，适当的有损压缩，可获得用更低码率表示的满足应用需求的图像。

当然在火星表面探测器执行任务过程中，无损压缩编码也是要用到的。无损压缩可以再现设备所具有的全部的几何和辐射保真度能力。更重要的是，有些应用场合要求必须使用无损压缩编码，例如，通常采用参考像元来监测器件电子偏移量及噪声，这些信息也需要无损地传回地球。

各相机获取图像的重要性根据任务模式各不相同，即使在同一次任务中，同一相机对不同场景成像的数据的压缩需求也不尽相同。因此火星车图像压缩系统应当提供更灵活、更强大的压缩比控制能力：支持图像的有损／无损压缩，有损压缩模式下可以支持2~64倍压缩码率的任意设置，并支持批量图像压缩时的每个图像单独设置压缩比，通过灵活的压缩比设置实现批量图像压缩传输时更加高效地使用珍贵的传输信道。

（2）渐进功能

通常的做法是每次只编码一个区域的信息（这个区域可以是一个像元或一小块像元），再逐渐覆盖图像空间，若中间截断数据流将导致图像某些部分信息的完全损失。渐进改善的策略则可以先传送一小部分被压缩图像的数据来获得低质量的预览，如果图像被认为是感兴趣的，则再传送更多的数据获得较高质量的版本。对比原始图像与64倍、32倍、16倍和8倍压缩的图像，可以看出8倍率压缩后的图像，依旧可以支持地面判断障碍，进行路径规划。

（3）支持感兴趣区域编码

感兴趣区域编码策略支持整幅图像中为重要性不同的区域分配不同的压缩码率，即在重要性较大的感兴趣区域分配较大码率获得较高图像质量的同时，不太重要的背景区域采用较小码率，解决整幅图像高压缩比与保障重要区域高质量之间的矛盾；该技术提供的应用特性较为符合火星车的低码率传输信道的应用环境，结合缩略图策略，使得地面运控用户或科学家能够在尽量减少总体传输码率的情况下对感兴趣区域保持较高图像质量甚至无损质量。

认其在新环境下可以可靠工作。

　　研制试验最先需要解决的问题就是试验件。考虑试验目的以及经济性，研制试验利用系统、分系统、部组件等各种不同层级的研制试验件开展。系统层面开展的试验项目包括火星车内场试验、外场试验、驶离与组合面试验等，分系统层面包括火星车风场条件下热性能测试试验、测控天线试验、移动装置能力拉偏试验、视觉测程专项试验、长距离移动探测专项试验等，组件层面包括气凝胶隔热装置热性能试验、太阳能集热器集热性能试验、相变储能装置吸热能力试验、锂离子电池低温贮存试验、导航地形相机的标定试验等，部件层面包括阻尼器性能测试、电缆阻力矩测试、移动臂杆弯曲刚度测试等。

　　火星车系统层面研制试验主要包括：

　　（1）火星车内场试验

　　测试火星车在模拟火星环境下移动性能、导航与控制性能、任务支持性能和驶离性能，确认系统设计的正确性。火星车内场试验需要在室内试验场完成，由于地面重力大于火星重力，火星车需要在低重力模拟装置的辅助作用下开展性能测试。

火星车内场试验

　　（2）火星车外场试验

　　检验火星车在未知、复杂、多变的环境下，能否按照工作要求，有效地与地面进行交互，完成既定任务，包括验证火星车工作模式和程序设计的合理性。火星车外场试验分五个阶段，包括绝对定位测

火星车外场试验

试、相对定位测试、三维地形恢复测试、长距离自主移动测试、任务过程综合演练。火星车外场试验在室外试验场完成。

（3）火星车驶离及组合面试验

火星车驶离及组合面试验包括总装大厅驶离试验和组合面试验。总装大厅驶离试验目的是设置典型的火星车驶离环境，检验火星车和坡道配合完成驶离任务的功能，验证力学振动对驶离性能的影响。组合面试验的目的是模拟火星车典型移动环境，检验火星车的功能和性能。

正式执行飞行任务的火星车，不再进行内场、外场试验，但需要开展驶离及组合面试验。

分系统层面重点研制试验项目包括：

1）太阳能电池模拟火星光谱光照试验：模拟火星光谱特性，验证太阳能电池在模拟火星光谱下电性能。

2）太阳能电池电路防尘试验：采用不同粒径的尘埃进行太阳能电池板除尘效率测试。

3）锂离子蓄电池组长期搁置试验：测试不同搁置温度下，火星车锂离子电池单体容量的衰降性能。

4）火星车风场条件下热性能测试试验：在地面模拟火星表面风场，测量火星车表面的对流换热系数。

5）火星车主动段排气适应性试验：模拟主动段进入舱内压力变化情况，测量火星车舱内外的压差。

6）与环绕器器间通信联试：测试不同编码速率、编码方式 UHF 频段和 X 频段器间通信。

7）移动装置沉陷脱困专项试验：模拟不同车轮组合沉陷不同深度（50 毫米、100 毫米、150 毫米），考核脱困策略的有效性，并与被动悬架的控制效果进行比对。

8）视觉测程专项试验：根据相机图像，处理成三维地形信息后，比对特征点的位置变化，得到移动里程。

9）长距离移动探测专项试验：测试指定目标点后，GNC 自主控制火星车选择路径，到达目标位置的能力。对算法的效率进行考核。

在火星车研制过程中，本着"全面分析，精细策划，充分验证，结果有效"的原则，开展了大量研制试验，确保火星车设计的正确性、验证的充分性。

地球上那些像火星的地方

如果你看过美国电影《火星救援》，除了被扣人心弦的故事所吸引，一定也注意到了影片中苍凉、凄美的火星风光。那么，火星表面到底是什么样子的？地球上最像火星表面的地方在哪里？电影是在哪个外景地拍摄的呢？

"火星表面实景"是美国的好奇号火星车于2012年8月拍摄的，可以看到近处碎石密布，远景丘陵起伏，山脊线距离火星车大约16公里。

火星表面实景

火星表面近景

　　火星车附近的石块形状各异，火星表面近景图片可以更清楚地看到火星车周边地形的复杂程度，图片中间的石块高度大约是 0.2 米。虽然好奇号火星车的越障高度是 0.65 米，这样的石块是可以通过的，但是长时间行驶在这样的地面上，对火星车的车轮是个严峻的考验。

好奇号火星车车轮

　　图片中可以清晰地看到好奇号火星车车轮胎面的受损情况。

　　火星车在发射之前，要在地面上经过充分的试验，在哪里进行试验合适呢？也就是说，地球上哪里像火星呢？

实际上，在地面开展火星研究，开展火星车试验，不同的科学家根据各自的目的，找到了不同的地点，称其为火星类比点。

比较著名的火星类比点有智利的阿塔卡马沙漠实验站、北极斯瓦尔巴群岛火星类比点、南极干谷地区、犹他州火星沙漠试验站、突尼斯吉利特盐湖区类比点和中国青藏高原大浪滩盐湖区等火星类比点，这些类比点研究项目的侧重点各不相同。

智利阿塔卡马沙漠（Atacama Desert）位于南美洲西海岸中部，在副热带高气压带下沉气流、离岸风和秘鲁寒流的综合影响下，成为世界最干燥的地区之一，这里常年几乎没有降水，所以也被称为地球的"干极"。

地球的"干极"

美国科学家开展火星车试验，选择在阿塔卡马沙漠进行，正是看中了这里的干旱环境和类似火星的地貌。

阿塔卡马沙漠

北极斯瓦尔巴群岛是挪威的属地，总面积 6.2 万平方公里，这里的主权归属挪威，但是根据相关条约，中国公民可以自由出入该岛，并可以进行正常的科学和生产活动。科学家在这里研究与火星类似的低温环境条件下的生物演化行为。

斯瓦尔巴群岛

南极干谷地区位于南极 McMurdo Sound 山脉西部的维多利亚陆地，地面上散布砾石，被人们称为最像火星地貌的地区，曾经有科学家在这里发现了微生物，并进而推测火星的环境条件与此类似，也有存在这类微生物的可能。

南极维多利亚陆地

　　相比上面介绍的这些一般只有专门从事科学研究的人员才能到达的地区，美国犹他州火星沙漠试验站则更大众一些，美国国家航空航天局在这里组织过针对火星载人飞行任务的前期试验。

火星沙漠试验站

　　吉利特盐湖位于突尼斯，虽然称为湖，但是这里蒸发量很大，湖中含盐量是世界之最，科学家们关心在这样的恶劣环境下，生物能否生存。

吉利特盐湖

　　中国科学院寒旱所的科学家通过研究发现，中国青藏高原及其邻近地区，如柴达木盆地大浪滩、普若岗日冰原西侧、敦煌西北库姆塔格沙漠、新疆哈密五堡的风沙地貌与火星相似。研究大浪滩与火星相似的硫酸盐环境中的嗜盐菌类，可以为火星生命探测提供线索。沙漠中有与火星相近的线形沙丘、新月形沙丘及类似的空间组合关系，可以开展地球与火星风沙地貌的对比研究。

新疆哈密五堡

青海大浪滩（摄影　杜勇）

电影《火星救援》中的第一个场景，就是黄昏下火星高低起伏的地貌，那么电影中的火星地貌又是如何拍摄的呢？

《火星救援》表现的火星表面

电影里的火星就像一个充满红色沙土、岩石的荒漠。摄制组主要在约旦的玫瑰沙漠取景，加上 CG 后期合成，形成的整体环境与好奇号火星探测器发回的照片非常相似。

玫瑰沙漠位于约旦，这里风化的巨大岩石如同城堡，风蚀断崖奇特的山形，令人震撼不已。电影导演雷德利·斯科特在北京进行电影推介时，曾经说："拍这个电影对地形的要求很高，我们在约旦的玫瑰沙漠找到了这个取景地，这里有美不胜收的地貌，很偏僻，开车要 40 分钟才能到，非常适合拍摄。我们知道火星是所谓红色的星球，这个颜色到底怎么调呢？我们其实是用后期特效做成这个效果的。"

约旦玫瑰沙漠

模拟火星土壤

火星是地球的近邻，人类的探测器已经到达火星表面，利用 2020 年的发射窗口，我国的天问一号探测器也携带着中国的火星车奔赴火星。在开展探测器的地面试验过程中，关于火星科学的研究，需要关注火星土壤的性能，利用地面矿物材料经过制备、整备形成模拟火星土壤，开展针对性的研究工作。

不同地点的火星土壤性能差异很大，针对不同的需要和目的，在火星土壤模拟过程中，侧重点也不同。目前世界各国已经研制出了四十多种模拟火星土壤，服务于地面试验等科研活动。

JSC Mars-1 是最具有代表性的模拟火壤，这种模拟火壤为来自于夏威夷 Puunene 的粒径小于 1 毫米的火山灰。选择这种风化火山灰材料制备模拟火壤的主要原因是它的反射光谱与火星表面明亮区域的反射光谱非常相似，并且其矿物和化学成分与火星土壤类似。

JSC Mars-1 模拟火壤由不同风化程度的火山灰颗粒组成，包含非常细小的结晶体和玻璃颗粒。JSC Mars-1 模拟火壤的部分成分与火星土壤的 SiO_2、Fe_2O_3 和 CaO 的含量接近，但是也有不同，例如 Al_2O_3、TiO_2、MgO 的含量和挥发物成分（包括水）。JSC Mars-1 模拟火壤的粒径小于 1 毫米，约有 75% 的火山灰粒径大于 149 微米，仅仅有 1% 的粒径小于 5 微米。通常随风漂浮的火星灰尘的平均粒径不大于 2 微米。

JSC Mars-1 模拟火星土壤产地及开采

制作 MMS（Mo-jave Mars Simulant）模拟火壤的玄武岩开采自加利福尼亚以东和莫哈维沙漠以西。这种玄武岩的特点是较低的吸湿率，MMS 模拟火壤主要用来研究土壤与取样工具的相互作用。MMS 砂和灰尘的内摩擦角分别是 38 度和 31 度，与"探路者"和"海盗号"着陆地点火壤的内摩擦角接近，但是比 JSC Mars-1 模拟火壤的内摩擦角（47 度）小很多。

欧洲航天局（European Space Agency，ESA）的 ExoMars 计划包括火星车，以寻找火星上可能的生命。在登陆火星之前，必须对火星车的移动系统进行测试。为了测试其机动性能，使用了三种模拟火壤。这三种类型的模拟火壤分别被命名为细砂（Engineering Soil Simulant-1，ES-1）、中等砂（Engineering Soil Simulant-2，ES-2）和粗砂（Engineering Soil Simulant-3，ES-3）。ES-1 模

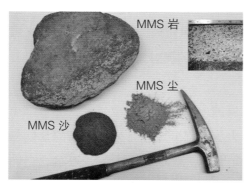

MMS 火星模拟土壤

拟火壤的粒径非常小，最大粒径为 32 微米，最小粒径小于 10 微米，接近火星表面尘埃的粒度。ES-2 的分布范围非常窄，粒径介于 30~125 微米之间，与火星表面风成沙地土壤粒径近似。ES-3 的粒径分布相对较宽，粒径覆盖 30~20000 微米，类似火星表面粗砂。

不同粒径的模拟火星土壤

英国萨瑞空间中心（Surrey Space Centre，SSC）的 SSC-1（SSC Mars Simulant 1）模拟火壤采用中等粒径的石英砂，颗粒的粒径范围在 63 微米 ~1.3 毫米之间，而 SSC-2 模拟火壤则由石榴石级配而成，其颗粒范围在 45~90 微米之间。这两种模拟火壤主要用于测试火星车的通过性能。

中国科学院地球化学所研制了 JMSS-1 模拟火壤，该火壤原料为玄武岩，来源于内蒙古集宁，其内聚力为 0.33 千帕，内摩擦角为 40.6 度。主要用途是进行火星探测仪器的标定。

JMSS 模拟火壤的加工方法为机械粉碎，为了使其矿物成分接近火壤，添加了赤铁矿和磁铁矿砂，提高铁的含量。JMSS 模拟火壤的化学成分、矿物组成和物理性能与火壤接近。JMSS 粒径分布和反射光谱也与 JSC Mars-1 模拟火壤接近。

在地质学角度上，火星和地球一样包含各种各样的物质。不同的地点，火星表面风化层的力学特性和化学组成是不同的，由于这些异质性的存在，需要针对火星不同地区的风化物特性，来选择合适的火星模拟土壤，并利用其开展充分的地面验证试验，这对火星探测任务的成功实现是非常重要的。

MarsYard 位于美国加利福尼亚帕萨迪纳喷气推进实验室内，约 2500 平方

177

米，为室外试验场。该试验场具有不同的地形地貌，能够代表"好奇号"在火星上遇到的大部分地形地貌。模拟火壤的类型主要有三类：岩基路面、无内聚力的沙土和有内聚力地面。这三种模拟火壤是根据"机遇号"和"勇气号"在火星上遇到的火壤进行配置的。

MarsYard 不同坡度场地

NASA 在 MarsYard 内对"好奇号"移动系统的备份车进行了大量试验，包括不同坡度试验和不同模拟地形试验。另外，NASA 利用另外一台备份车在莫哈维沙漠进行试验，以求更逼真地模拟火星表面，得到更充分的试验数据，该试验场与火星的盖尔撞击坑（Gale Crater）地形地貌接近。

爬坡试验　　　　　　　　在莫哈维沙漠开展移动试验

中国火星车地面试验用的模拟土壤是利用吉林靖宇一带的红色火山灰制作的，原料经过制备、整备后，形成地面试验场模拟火星土壤。其自然密度为0.95~1.52 克每立方厘米，孔隙率在 43%~64% 之间，内摩擦角范围为 37 度 ~52 度，内聚力范围为 0~1.4 千帕。利用工程模拟土壤，开展了火星车移动性能方面的大量试验。

能走不到 10 米吗？是的，受到各种条件的约束，火星车确实走得很慢。

第一个约束是温度。火星表面很冷，火星车舱外的运动部件在夜晚一直处于接近 –100 摄氏度，在这样的温度条件下，机构的润滑脂都被冻住了。中午之后火星表面温度最高的时候，才适合运动部件工作，所以机构运动尽可能安排在午后。那么，通过加热提高温度不行吗？这就要说到另一个约束。

第二个约束就是能源。距离遥远，阳光变弱，火星车的能源十分紧张。虽然为火星车车轮等每个机构都安装了加热器，可是火星车的师傅们不到万不得已的情况，不会开启，主要原因就是火星车的能源很宝贵。火星车一个昼夜的发电量相当于 1.5 度。休息状态的火星车不能关机的设备功率大约是 50 瓦，已经消耗了 4/5，剩余的 1/5 可以用于拍图、探测、移动等工作，还要满足设备保温的需要，工作安排一定要精打细算。因此，火星车既不能长时间高功率工作，也无法对舱外设备一直加热保温，靠天吃饭，主要工作时段也被限制在午后温度最高的几个小时之内。

第三个约束是信息链路。火星车有较高的自主性，但是为了稳妥起见，移动路径选择等重要环节，师傅们还是希望确认一下再执行。这就需要把火星车拍到的图像传下来，可是一幅图的数据量就达到 40Mb，双目相机对着 5 个方向看，覆盖车体前方所有的方向，数据量达到 400Mb。火星车有晚上和白天两个机会向环绕器传输数据，一共只能传 60Mb 左右，这就需要在传输图像前进行高倍率压缩。

第四个约束就是轨道。火星车虽然可以和地面直接联系，但是只能传输状态、指令等少量信息，传输图像、科学探测数据都必须经过环绕器中继。环绕器绕火星飞行，并不是一直都在火星车上空，这就导致火星车的工作流程编排必须考虑环绕器的轨道。

这四个方面的约束，决定了火星车的工作效率和程序编排。大家都希望火星车走得远一点，可是远一点的前提是寿命长一点。美国机遇号火星车工作了15 年，行驶距离超过了马拉松比赛的长度，中国的火星车也需要小心应对火星表面复杂环境，长期稳定工作，努力获得更多的探测数据。

火星车工作步骤

火星车执行任务时师傅们做什么？

中国的火星车经过 7 个月长达 5 亿公里的长征，到达火星，落火之后的寿命要求是 3 个月。火星车执行任务时，设计它的师傅们都在忙什么？他们对哪个环节最担心？

在文昌发射场，师傅们要做最后的确认测试，运到发射场之后功能是否正常，电池片有没有损坏。发射前更是要精心打扮一番，相机的镜头一定要擦拭干净，地面用来保护设备的罩子一一去除，压紧机构的火工锁需要反复确认，因为任何一个锁打不开，火星车都无法正常工作。

对火星车车轮反复擦拭灭菌之后，就可以把火星车安装到着陆平台上了，最后整个探测器被安装到长征五号火箭的顶端。

发射之前，师傅们已经看不到火星车了，只能在最后的检查环节加电确认一下状态是否正常。发射过程肯定是令人担心的一个环节，经过四十分钟，火箭逐渐加速，把探测器送入奔火轨道的入口。这时候虽然很紧张，但是火星车的师傅们能做的事情也不多，就是观察整个过程是否进展顺利，与火星车有关的数据是否正常。

飞行七个月，火星车基本处于不加电的状态，信息不多。期间会安排几次加电，进行火星车体检，如果有问题还可以通过修改软件等办法解决。

近火制动也是一个重要环节，一定要抓住时机，发动机大力刹车，探测器成为环火卫星。利用每次经过着陆点上空的机会，相机拍照，这时候师傅们最关心的就是着陆区附近的天气情况，希望晴朗无风。如果遇到沙尘天气，看不清着陆点，就需要考虑更改着陆位置，或者延迟着陆时间。

决定开启着陆程序后，进入舱有一系列动作，火星车也要配合完成其中的一部分。这些动作都是探测器自主执行的，地面无法干预，因为电信号传送一个来回，着陆已经完成了，师傅们只能焦急等待。

着陆之后火星车竖起桅杆，展开太阳能电池板。这个步骤最关键，因为如果有能源，后面就有措施，如果太阳能电池板展开失败，火星车只能坚持工作一天多，电能就会耗尽。其他的动作还有展开天线，在平台上站起身形。只有所有的火工锁都解锁正常，火星车才完成了进入火星夜晚前必须完成的工作。

火星车也着急把最新消息传送出去，立即把天线指向地球，把状态、能源情况、落火位置和姿态等信息传回，但是这个时机比较短，很快地球就要落到地平线之下了。如果收到信息，师傅们悬着的心可以先放下，如果没收到，那就要等下一个信息传送窗口，这种等待肯定是很焦心。

着陆一切正常之后，师傅们开始关心地形，特别是梯子前方的障碍情况。如果梯子口有超过200毫米的障碍，对火星车来说就是比较危险的。火星车在火星表面的越障能力比较强，可以达到300毫米，但是从坡道移动到火星表面下坡过程中，越障能力低些。

火星车的信息一到地面，师傅们立刻开始紧张的分析工作。

地面最主要的工作，就是根据图像，了解火星车周围的障碍情况，分析去哪里探测收获最大，制定行动路线，再把控制指令发给火星车。如果感觉有些不放心，在指令发出之前，还可以在地面进行验证，利用试验场里火星车的孪生兄弟预演一遍，确认指令没有疑点再执行。

在火星表面运动时，最担心火星车在松软沙地沉陷，特别是不小心六个车轮都沉陷到车轴，脱困时必须小心。美国的勇气号火星车就曾经多次沉陷，有时脱困就用了一个月时间。可以采取车轮分组蠕动的办法，也可以采取抬轮的办法，甚至采取车腹部着地的办法，具体选择什么招式，要看沉陷的具体情况。

火星车在外场

　　每天最关心的还有能源平衡情况，如果着陆点位置发生沙尘暴，最直接的表现就是电能不足，需要采取关闭设备等办法减少能源消耗。如果是因为太阳能电池板上沙尘积累太多，导致电能减少，火星车还有一个抖翅膀的手段，倾斜太阳能电池板让沙粒滑落。实在不行，火星车就进入休眠状态，等待环境条件变好。

　　运行几个月之后，需要考虑日凌了。日凌期间，长达一个月时间，地面与火星车之间将失去联系，完全靠火星车自我管理，为了安全，这时火星车不会移动，也不会开展科学探测活动，静静等待地面新的指令。

　　日凌过后不久，寒冷的火星冬天就会来到，这时太阳不再从头顶经过，每天懒懒地升到半空就开始下落，气温会变得更加寒冷，能源将变得十分紧张，火星车必须减少工作设备或者休眠才能应对。

　　为了火星车的安全，师傅们考虑了很多种复杂的情况，在内场、外场进行了很多试验，还制定了很多预案，就是为了保证火星车的工作顺顺利利。

和中国的火星车一起去旅行

2020 年 7 月，长征五号遥四运载火箭在海南文昌发射场点火升空，中国首次火星探测任务如期出征。这是中国航天的首次行星际探测任务，意义重大。

中国深空探测2.0

深空探测一般是指脱离地球引力场，进入太阳系空间和宇宙空间的探测。这个定义不是很严格，颇有争议，例如月球探测算不算深空探测，是否要远于150 万公里的日－地拉格朗日平动点才算是深空探测，等等。直到 2000 年发布的《中国的航天》白皮书明确，国内目前将对地球以外天体开展的空间探测活动称为深空探测。

中国的月球探测工程包括绕、落、回三个阶段，在月球探测工程实施的过程中，中国人也把目光投向更远的深空，如果说月球探测是中国深空探测的1.0 版，那么首次火星探测任务就是中国深空探测的 2.0 版。

首先要考虑的问题就是这次任务的探测形式。

掠飞探测相对容易，但是很难再有科学发现。早期有一种方案是将探测器分成两个部分，一部分在火星附近减速，成为火星探测器，另外一部分则在火星借力后开展主带小行星探测。这样的多目标方案节省经费，但是两个目标的探测都不会很深入。

环绕探测仍是主要探测形式之一，包括火星重力场、磁场、表面地形地貌

188

等目标的全局探测。可如果只是实现环绕探测，任务相对而言有些简单。

软着陆探测可以对火星表面进行多种探测手段的全面、深入探测，巡视探测更将扩大火星表面精细探测的范围，是火星探测最重要的形式之一。

综合上述考虑，中国的航天工程师决定这次挑战个高难度系数的动作，一次任务实现绕、落、巡。这可以简单理解成两步并作一步走。

这样做的好处是：环绕器开展火星全球普查，火星车对重点地区详查，两个结果可以相互比对、相互验证，点面结合；在进入火星大气之前，环绕器已经帮助进入舱完成了一次减速，与从行星际地火转移轨道直接进入火星大气相比，降低进入速度，减少进入风险；火星车的探测数据可以通过环绕器中继传输到地球，地面的指令也可以先发送至环绕器，再转到火星车上，这样就不需要在火星车上配置米级口径的大天线了，大幅度降低火星车设计的复杂性。

当然这样做，也是有风险的：任务形式的复杂性，导致对两个探测器的可靠性要求都很高，没有环绕器的支持，火星车在火星表面的工作将变得十分困难；进入火星之前，环绕器将进行降轨，瞄准之后释放进入舱，接着必须马上完成升轨控制，避免环绕器也进入火星大气层，一系列轨道控制动作时效性要求很高；环绕器的工作安排，既要考虑环火遥感的需要，又要考虑为火星车提供数据中继的需要，变得更复杂。

总体上看，这样的探测方式有创新，也有难度，体现了我国航天技术的发展水平，以及航天工程技术人员的自信，当然这种自信是建立在月球探测取得的丰硕技术成果基础上的。

▌中国首次火星探测任务

火星探测器由长征五号在海南文昌发射场发射。之所以选择长征五号，是因为此去火星路途遥远，探测器任务复杂不可能很轻，胖五之外的火箭无力将如此重量的探测器送入飞向火星的轨道。

受运载能力的限制，最经济的选择就是利用霍曼转移轨道，这条轨道近日点对应着探测器发射时地球的位置，远日点则对应着探测器近火捕获时火星的位置，火星和地球绕日运转的周期，决定了合适的发射时机大约每 26 个月出现一次。但是一次发射时机不是指一个特定的时刻，而是在大约 20 天的时间内，每天都有机会。2003 年，美国勇气号和机遇号火星车双胞胎分别被安排在 6 月 10 日和 7 月 7 日发射，其实利用的是同一次发射时机，运载能力越是富余，发射窗口就会越宽。

当然具体的轨道设计考虑的因素还有很多，比如发射时火箭射向的选择，不能经过人口稠密区域，火星轨道面和地球轨道面也不是在一个平面内，需要探测器选择适当的位置进行深空机动，火箭发射后入轨参数也是有小偏差的，精确测量探测器的轨道之后可以选择在多个位置进行轨道修正，保证瞄准数亿公里之外的目标位置。

发射之后半年多，才是这次任务的第二个看点：近火捕获。近火捕获就像是一次刹车，只是这次刹车的时间、位置和力道必须十分精准，否则就不能使探测器成为环绕火星飞行的卫星，而是飞向深空其他地方，再想回到火星附近就很难了。

探测器会在环绕火星轨道上进一步调整轨道周期，等待着陆火星的时机。这个时机至少包括两层含义。

一个是探测器近火点在合适的时刻经过目标着陆点上方。假如探测器近火点在着陆点当地下午三点时飞过着陆点上空，此时执行着陆程序，落火之后很快就要夕阳西下，来不及补充能源就要面临火星的夜晚。如果选择在轨道上再等两个月，落火时当地的地方时就会提前 2 小时，有机会在火面及时充电，保证夜晚的能源供给。

另外一层含义就是天气。火星有大气活动，偶尔会有尘暴，甚至是时间长达数月的全球尘暴。如果贸然进入，在火星表面可能面临昏天黑地的场景，没有足够的电能维持火星车的生存。可以通过环绕器上的相机，在轨道上观察着陆点附近是否有沙尘暴，确保天气晴朗稳定后，再启动落火程序。

第三个看点就是 EDL，也就是进入、下降、着陆过程。EDL 过程只有约短短的 8~9 分钟，却是整个任务中最惊心动魄的时段。

EDL 之前的准备工作也很复杂。探测器降轨，瞄准着陆点之后，环绕器与进入舱分离。环绕器立即升高轨道，确保自身安全。进入舱则以合适的角度扎入火星大气层。

　　EDL 阶段开始的时候，进入舱的速度是每秒几千米，结束的时候，相对火星表面的速度是零，可见这是一次更猛的刹车。

　　进入舱高速进入，主要成分为二氧化碳的火星大气与进入舱大底作用，产生气动阻力，同时大底的温度开始升高。大约 5 分钟后，进入舱的速度就会从每秒 4.8 千米减速 90%，这是最主要的减速段。接下来的一分多钟，降落伞弹出，继续利用大气把速度降低到每秒 60~90 米。其后的不到一分钟时间，是发动机工作的时段，进入舱在减速的同时，会在距离火星表面大约 100 米的高度对预选着陆区进行观察、分析，寻找最安全的着陆地点。着陆火面时最后的动能依靠进入舱的四条着陆腿缓冲吸收，这时苍凉的火星大地迎来了第一个来自中国的探测器的造访。

　　接下来需要十几天时间，火星车完成机构的解锁，对周围环境进行拍摄，并把数据传送至环绕器，地面根据周围地形障碍情况，确定火星车驶离着陆平台后向哪个方向前进。火星车到达火星表面后，将立即开始探测、感知环境、移动等工作。

着陆后的火星车

探测；或者是将遥感与着陆任务结合，一次实现"绕"和"落"；或者是单独发射火星车，实现巡视探测。我国首次火星探测任务，将一次发射，实现"绕""落""巡"，任务形式比较复杂。

这次火星探测任务没有简单重复其他国家火星探测的老路，起点设置很高。任务实施过程中有很多看点：发射时主要看长征五号火箭的表现；奔火过程中会根据轨道的具体情况不断修正探测器的飞行方向；在火星附近的刹车，必须一气呵成，否则就会滑向更远的深空；EDL（进入、下降、着陆过程）只有约短短的8分钟，那是最激动人心的时刻；着陆之后是什么地形，火星车能否安全行驶到火星表面；火星车会取得什么探测数据，帮助我们了解这颗古老而神秘的星球；当火星尘暴来临的时候，火星车有什么手段躲避；寒冷的天气，火星车用什么方法应对。所有这些都值得我们拭目以待。

前面介绍的是工程方面的目标，我们的探测器肯定还肩负着科学探测的任务，它们可不是去火星旅游的，而是要完成地形地貌、矿物分布、磁场变化、土壤与岩石分层等探测任务。

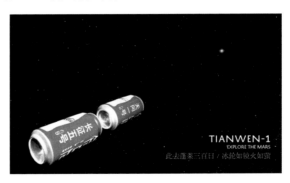

天问一号发射纪念（绘制　谭浩）

这就激起了我们的好奇心，火星的表面地形是什么样子，是不是也像月球那样密布陨石坑，着陆时会遇到什么挑战，火星车在崎岖的地形上行走安全吗，会有什么科学新发现……

▌ 发射窗口

火星和地球一起围绕太阳旋转，地球公转的速度是每秒30千米，火星公转的平均速度是每秒24千米，它们就像在环形跑道上快速奔跑的两名运动员，地球在内圈，火星在外圈。如果要把一个运动员手里的接力棒传递到另一个运动员手里，需要掌握好时机。什么时候出发，沿着什么方向加速，到第二个运动员附近如何减速才最省力，都是需要精心考虑的问题。在火星探测任务中，这项工作叫做轨道设计。

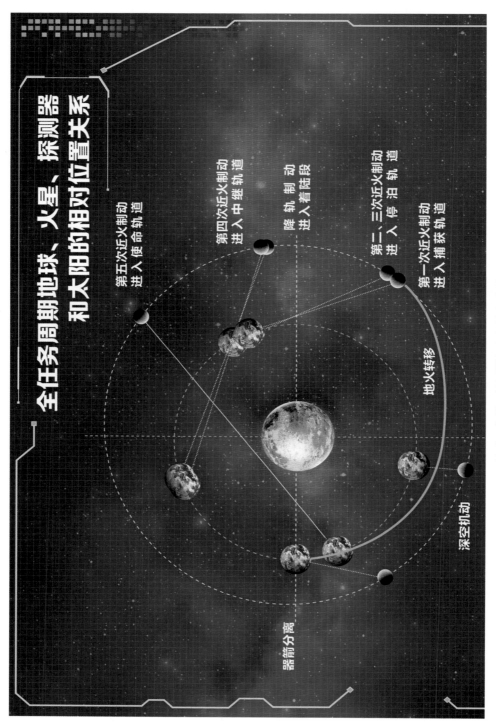

全任务周期地球、火星、探测器
和太阳的相对位置关系

第五次近火制动
进入使命轨道

第四次近火制动
进入中继轨道

降 轨 制 动
进入着陆段

第二、三次近火制动
进入停泊轨道

第一次近火制动
进入捕获轨道

地火转移

深空机动

器箭分离

地球、火星、探测器和太阳的位置关系

在轨道设计中，一项重要的工作是发射窗口的分析，也就是探测器什么时候从地球出发，向什么方向出发。天体运动关系决定了，大约 26 个月人类有一次发射火星探测器的最佳机会，因为这时候发射最省能量。2020 年的夏季，就有这样一个发射窗口。所谓窗口，是有一定宽度的，在 7 月底到 8 月初的大约半个月时间，都存在发射机会，运载火箭的能力越强，理论上发射窗口还可以变得越宽。

▌ 着陆地点

火星的表面积是地球的四分之一，所以选择在哪里着陆还是一个复杂的问题。火星车的师傅们选择着陆点的时候都要考虑哪些因素呢？

首先火星也有四季，只是由于火星绕太阳转一圈的时间差不多是两年，所以每个季节时间长度大约是 6 个月左右。

对应 2020 年的发射窗口，等到探测器到达火星的时候，正值火星北半球的春夏之交，对照地球季节做个比喻，正是"人间四月天"。这时候火星距离太阳比较远，太阳辐照的强度比较低，算是个不利因素。但是从另外一个角度看，在其后的一年时间中，由于火星与太阳之间的距离越来越近，对弥补电池片上灰尘积累导致的发电量变小，会有些好处。

这个时节到火星，选择北半球是有利的，日照时间长，可以获得更多的太阳能。但是纬度也不能太高，超过火星的北回归线，也就是纬度高于 25 度之后，就没有阳光垂直照射火星表面的机会了。因此，结合火星车的寿命，北纬 5 度到 30 度的区域，就成为着陆区选择的最初范围。

这仍然是一片广袤的面积，接下来更仔细的寻找开始了。考虑的因素包括：在哪个地方着陆对工程最安全，哪里可能有科学新发现，尽量避开其他国家已经着陆过的区域或者即将执行的任务选择的着陆区，当然还有一条最重要的因素，那就是海拔。

火星上没有海洋，科学家根据平均气压确定了一个面，高于这个面的海拔算正值，低于这个面，海拔算负值。选择着陆点的时候，希望选择海拔低于 −2 千米的区域，原因是在这里着陆，大气层更厚，有更多的时机，利用火星大气进行气动减速和降落伞减速。

数据中继

火星车探测时，需要接受地面的指令，还需要把获得的数据传回。如果直接和地球联系，当然可以，但是由于火星与地球之间距离遥远，需要比较大的功率和一个口径达到米级的天线。然而携带这样的天线，对经常运动的火星车很不方便，需要的功率也很难满足，师傅们想了一个办法，那就是数据中继。

这样环绕器的任务就不仅仅是把火星车送到火星，还要一边完成自己的火星遥感探测任务，一边作为中继星，担任地面与火星车之间联系的"首席联络官"。通常情况下，地面的命令，首先传送到环绕器，等到环绕器和火星车见面的时候，转给火星车；同时火星车自身健康情况以及探测获得的图像等科学数据传送给环绕器，环绕器再利用它的大天线，传送到地面。

发射前

我国首次火星探测任务从海南文昌发射场启程，这是长征五号运载火箭执行的一次重要任务。

火箭发射窗口宽度一般只有十分钟，如果在这个窗口没有发出去，就需要紧急修改参数了。如果半个小时都没有打出去，那就需要等下一天了。天气会不会影响发射？地面的情况可以直接测量，火箭飞到高空遇到风大时怎么办？如果你是个科学迷，这些问题都值得关注。

如果你对技术不是很感兴趣，那么可以关心一下火星车征名。嫦娥三号任务时，网友建议月球车叫玉兔，玉兔微博更是把月球车塑造成了一个勇于探险的小男孩，特别是月球车出现问题之后，那幅孤单的剪影，那句"啊，我坏掉了。"让无数网友泪奔，度过严寒月夜之后一句"Hi，有人在吗？"曾引得多少人欣喜若狂。

嫦娥四号任务时，"玉兔二号"成为人类首个在月球背面探险的月球车。这次火星车要奔赴更远的地方，最远时比月球要远 1000 倍，这位远行者叫什么名字呢？祝融、哪吒、赤兔，你喜欢哪一个？还是有更好的建议，可以与大家分享。

发射

这是一枚大家都很关注的火箭，举世瞩目，因为它使我们国家拥有了更强的进入太空的能力，许多更重、更远的活，都需要它完成。文昌海滩一片热带风光，午后正是温度最高的时候，现场观看一定要注意防晒，遮阳伞、墨镜、防晒霜、小椅子、照相机、望远镜都是必备品。如果躺在宾馆东向阳台的藤椅上，一边吃着冰棒，一边等待发射，当然会更惬意。

在望远镜里仔细看火箭的整流罩上，是不是有中国行星探测的标记、中国航天的标记？

发射伊始，大家能够听到各测量站报告测量结果的声音，等到火箭飞远了，地面测量站够不到了，就需要利用出海的"远望"测量船持续监测，保证火箭和探测器的最新情况都能及时传到师傅们的手上。可以关注一下这些测量船布局在大洋上的哪个位置，才能保证对火箭尽可能长时间连续地监测。

中途修正和深空机动

火箭与探测器分离，太阳能电池板展开之后，发射任务就圆满成功了。接下来需要对探测器的轨道进行精确的测量，因为路途遥远，出发时方向的一点点偏差，都会导致错失目标，因此发射之后，要根据最新测量的探测器轨道进行中途修正。这么远的路，一般会安排大约四五次中途修正，有的时候发现偏差太小，后期的修正有可能取消。

和中途修正一样，深空机动也是一次轨道的改变。不过中途修正主要消除的是轨道的偏差，深空机动则是师傅们轨道设计中的一个高招，在地火转移轨道上合适的位置施加一个速度脉冲，改变绕日飞行轨道平面，可以降低对运载火箭发射条件（如射向、滑行时间）的要求，实现把更重的探测器送到火星的目标。

近火制动

在航天任务中，每个环节都非常关键，不能出错，其中有几个环节更是关键中的关键。飞行了半年多之后，在火星附近的近火制动就是探测器发射之后的第一关。环绕器的主发动机这时大显神通，在火星附近刹车，主动投入到火星的怀抱，成为一颗绕火探测器。这个环节，只有一次机会，如果刹车力度不够，探测器飞向深空，再想让它飞回到火星附近，就几乎不可能了。

▌环火阶段

进入环火轨道之后也有很多事情要做，比如制动之后形成的环火轨道近火点、远火点高度是不是符合要求，师傅们紧张测量之后，会制定一个策略，通过选择在不同轨道位置加速或者减速，调整轨道，瞄准几个月之后进入火星大气所需要的位置。

环火飞行的时间可长可短，其抉择至少与两个因素有关：一个是着陆点，要等到着陆点正好在轨道近火点附近的时候；还有一个因素就是地方时，早落意味着距离太阳下山的时间太短，火星车来不及充电就要进入火星的夜晚，能源会变得比较紧张，因此师傅们决定耐心等上几个月，每等一个月，落火之后阳光照射的时间就会延长一小时。

这是由天体运行规律决定的，简单讲，轨道面在空间中可以理解成是不动的，火星在慢慢自转。火星自转一圈比地球稍长一点，地球自转周期是 23 小时 56 分钟，火星则是 24 小时 37 分钟。不同的时间降落，就会着陆在不同的地点，落火之后的地方时也不同。师傅们希望着陆以后，距离着陆点太阳下山至少有几个小时的时间，保证火星车补充能源，把进入火夜之前必须完成的设置工作完成。探测器在环火轨道上等待火星自己转了 40 度，才会奔着师傅们选好的着陆点俯冲下去。

▌进入火星的最后准备

在轨等待的三个月时间，探测器是不是没事可做呢？师傅们会安排环绕器对火星进行遥感探测，还会测量火星轨道上的空间环境，更重要的是，对预选着陆点成像。

这样做的目的，是进一步确认预定的着陆区地形是否符合要求，还有就是观察着陆区附近是否有沙尘暴等极端天气状况。如果在沙尘天气火星车到达火星表面，能源供给严重不足，很可能无法完成后继任务，风险很大。通过环绕器上面安装的相机，可以在距离着陆点比较近的位置多次观察，比较照片成像效果，分析天气情况和演化趋势，便于师傅们确定着陆的最后时机。

EDL

这是激动人心的时刻，也是风险最大的一关，国外多个探测器在这个环节出现这样那样的问题，导致任务失败。

首先瞄准进入火星大气层的一个窄窄的进入走廊，角度太大会导致与大气摩擦温度升高过于剧烈，角度太小又实现不了进入火星大气层的目标。接下来的气动减速段是最主要的减速阶段，进入火星大气时，探测器的速度可达每秒4.8公里，经过大约5分钟的减速之后，速度只剩下每秒460米，也就是说，速度减少九成。

接着，专门设计的火星专用降落伞展开，进入舱的速度进一步下降到不到每秒100米，这一分多钟时间比较关注火星大气层中风的速度和方向，因为风太大会影响着陆点的精度，甚至影响着陆安全。

再继续，降落伞也完成了使命，探测器把大底和背罩抛掉，露出了着陆平台和火星车。平台上的大推力发动机开始工作，进一步减速，高度100米的时候速度基本上降到零，便于探测器观察地面，寻找最安全的着陆地点。

最后，要靠四条着陆腿里的缓冲吸能材料，把着陆的冲击能量缓冲掉，保证探测器不侧翻，平稳着陆在火星表面。

着陆试验

整个过程，短暂又复杂，地面没有干预的机会，完全靠探测器自主决定各个动作执行的时机。2019 年年底，航天科技集团在地外天体着陆综合试验场，成功模拟了着陆器在火星环境下悬停、避障、缓速下降的过程，就是对其设计正确性进行综合验证。

火星车登场

接下来中国第一辆火星车闪亮登场，它轻舒深蓝四翼，一身金袍，两根杆状天线展开，就像两根触角，整体视觉感受，就像是一只蓝闪蝶。它昂头向前，首先勇敢地行驶到转移梯子上，然后稳健地行驶到火星表面。火星车在火星表面留下了两道车辙，像是向世界宣布：火星，我们来了！

火星车构型

不过，这个过程可能比想象的要慢得多，大约一周时间才能完成。这是因为第一次到达火星表面，还不敢胆子太大，每个重要的步骤，火星车完成之后，都需要得到地面的确认。地面的师傅们一直在紧张地分析，机构是不是顺利展开，温度是不是在合适的范围之内，能源是不是足以支持后面的一系列动作，前方的火面有没有难以通过的障碍……

自拍

火星车驶离着陆平台，对任务而言是个重要的节点，可是谁来记录这个场

地月凌日局部（绘制　谭浩）

凌日时地月距离变化

▌火卫食

类似月食，火星的卫星也会飞到火星的阴影中。火卫一的食长不到1小时，看不到月食中初亏到食既的缓慢过程，明亮的火卫一经过10秒钟消失了，50分钟后又突然出现。

火卫二进入火星阴影时，相当于看到一颗比较亮的星星消失约1.3小时。火卫食现象没有月食那么壮观。

▌ 环绕器凌日

环绕器凌日已经不算是天象了，而且对火星车的能力而言，拍摄不出来环绕器从日面上划过的图像，只能靠科学画表现这个场景了。

火星车的师傅们关注着火星探测任务的完成，也不会放过观看火星天象奇观的每一个机会，期待火星大片传回，我们又多了几幅天象屏保，更重要的是能够从火星的视角看火星，看宇宙，看我们自己。

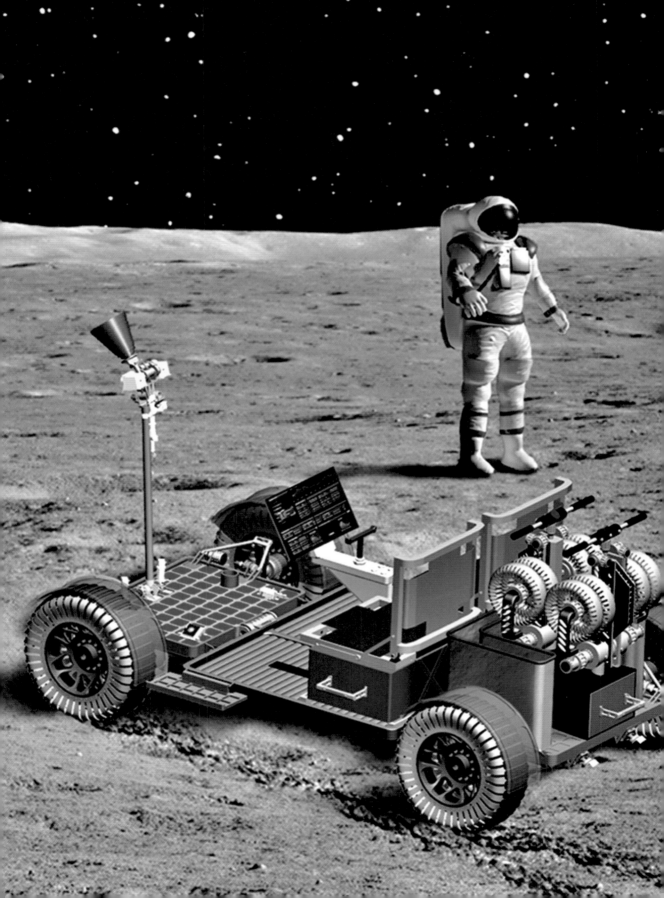

CHAPTER 3

第三编

回顾与展望

嫦娥工程的
规划及贡献

　　第二次世界大战期间，美国通过实施曼哈顿计划，集中以核科学为主的当时最顶尖的科学家，动员 10 万多人，历时 3 年，成功研制了原子弹，开创了集中优秀人才，占领科技、军事制高点的先河。二战后的几十年间，美国开展阿波罗计划、星球大战等重大高科技计划。欧洲、日本等也实施了尤里卡计划、伽利略计划、超大规模集成电路计划等，全球重大科技计划呈现出从军事领域向军民两用和民用领域发展的趋势。这些重大科技计划的实施，使美欧各国培养造就了大批经验丰富的专业人才队伍，形成大量具有核心竞争力的研究成果和科技产品，进而带动经济社会发展，成为支撑综合国力的坚强后盾。

　　新中国成立后，我国也实施了"两弹一星"、载人航天、杂交水稻、南水北调、三峡工程等重大项目，取得了巨大成就，积累了丰富的经验。进入新世纪后，在《国家中长期科学与技术发展规划纲要（2006-2020）》中确定了大型飞机、载人航天与探月工程等 16 个重大专项，着力攻克信息、能源、环保、生物、航空航天等关键领域的核心技术，为我国突破经济社会发展瓶颈问题提供支撑，嫦娥工程就是在这样的背景下开始启动。

　　嫦娥工程是我国航天工程中的旗舰型项目，是"航天梦""中国梦"的重要组成部分。从 2007 年我国发射嫦娥一号卫星开启工程的序幕开始，三年一个脚印，先后实现了月球全球遥感、与图塔蒂斯小行星的近距离交会、月球正面软着陆、月球表面巡视勘察、月背软着陆、采样返回等目标。

▌ 嫦娥工程规划

我国月球探测的发展战略简言之分为"探""登""驻"三个阶段，又称为"大三步"：第一步"探"，即无人月球探测；第二步是"登"，即实现载人登月；第三步是"驻"，即建立有人短期驻守月球的基地，开发和利用月球的资源与环境，支持人类的持续发展。

中国已经实施的探月工程是"大三步"中的第一步，在这一阶段中又分为"绕""落""回"三步，分别指的是绕月遥感探测、月面软着陆与巡视探测、采样返回，简称"小三步"。

探月工程的科学目标可以被概括为：获取月球表面三维影像，分析月球表面的元素含量与分布，探测月壤特性，分析研究月球样品，探测地月空间环境。工程目标可以概括为：突破月球探测相关技术，研制各种不同类型的月球探测器，建立月球探测航天工程系统。

在月球探测工程规划中遵循了如下原则。

（1）着眼需求，推动技术

瞄准当今世界空间科学探索的前沿和热点问题，以获得科学新发现和新知识为目标，充分发挥后发优势，推动一批重大关键技术突破，又好又快地开展月球探测，带动我国科学技术综合实力进一步提升。

（2）有限目标，突出重点

针对月球探测科学需求广、目标多、技术跨度大、风险高的特点，立足国情国力，适度控制任务规模，坚持有所为、有所不为，"集中力量办大事"，选择最有可能获得原创性科学成果、最具有技术带动性的任务目标，集中力量和资源，重点突破。

（3）注重继承，强化创新

充分继承航天工程的技术、管理成果，高可靠地开展探测活动，确保稳步实现总体目标；坚持科技创新，在月球探测核心领域，加大攻关力度，掌握具有自主知识产权的关键技术，努力取得原创性的科学成果。

（4）整体规划，分步实施

综合考虑科学探索的需求与技术能力，统筹技术和经济可行性，注重任务间技术发展的衔接和核心技术的共用，系统安排；遵循客观规律，由易到难，分步实施，降低工程实施风险，确保持续发展。

在规划实施过程中，贯彻复杂工程系统观，既要实现工程的整体目标，又要在实施过程中分层次、分阶段有序推进。在任务安排上始终把握技术发展的节奏，既注重寻求突破与创新，又充分考虑继承与衔接，确保可实现，工程中具体任务安排具有以下特点。

1）有限投入，实现跨越。工程三个步骤之间的技术跨越较大，力争利用较少的资源，在较短时间内实现技术的较大跨越，走具有中国特色的月球探测之路，并为行星际探测奠定基础。

2）工程备份，稳妥可靠。每期工程均以前期技术进步为基础，而且每期工程中，考虑到航天工程的高风险，均安排了两次发射任务，形成工程备份。"嫦娥一号"的备份后来作为二期工程的先导，对"嫦娥三号"预选的虹湾着陆区进行了详细勘察。"嫦娥三号"的备份更是在中继星的配合下实现了人类首次月背软着陆及巡视勘察，得到了广泛好评。

3）任务拓展，扩大成果。每次发射任务主目标完成后，均根据探测器的状态，考虑可能的拓展任务，扩大探测成果。"嫦娥二号"获得了分辨率优于10米的月球表面三维影像、月球物质成分分布图等资料后开展拓展试验，进入日地拉格朗日L2点环绕轨道进行深空探测等试验，飞越小行星4179（图塔蒂斯）。

4）工程衔接，承上启下。每期工程在第一次发射圆满成功的情况下，第二次发射并不是简单重复进行，而是力争做到承上启下，在进一步深化工程目标实现的同时，尽可能开展新技术验证，为后续工程服务。例如"嫦娥二号"在深化环绕探测任务的同时，还肩负着"嫦娥三号"着陆区详查的任务。当技术跨越过大时，还可以安排专门的技术验证任务作为过渡，例如嫦娥五号试验器任务对月地再入返回技术进行了验证。

通过上述安排，我国的月球探测工程做到了"起步晚，起点高""投入少，

220

产出大"。

▍工程约束与创新突破

月球探测工程，技术难度大，进度要求紧，项目管理复杂，工程约束众多。月球探测任务的特点包括：工作环境恶劣、工作模式复杂、技术跨度巨大、资源约束严格、地面验证困难。围绕任务的特点，工程总体组织全系统在技术和管理方面开展了大量具体、细致的工作，工程研制按照计划顺利开展。

探测器设计的本质是一个强约束下的目标优化问题。总体优化根据任务需求做出方案选择，立足系统分析，优化总体方案、技术路线和发展步骤，力争整体最优地确立和实现具有可达性和可靠性的目标。

在探测器设计过程中，采用系统设计优化的方法，分成系统层和单机层两个层次来开展。在系统层，梳理各分系统及其组成部分的功能和性能需求，采用功能复用、功能集成和布局优化等方法完成系统方案的设计优化。在单机层，分析影响单机设备或部组件优化目标的关键参数，采用结构优化、单机优化和电缆优化的方法完成单机方案的优化设计。这些设计思想、设计工具、设计方法的发展促进了航天器的总体设计水平的提高。

研制工作中克服的困难包括以下几点。

（1）设计的先进性与可实现性

系统设计的先进性推动了新产品、新器件、新材料、新工艺的应用和发展，通过变推力发动机、高集成的机构控制专用器件、铝镁合金机箱、热等静压工艺的完善和使用，解决工程设计中遇到的困难。

（2）系统功能复杂性与运载火箭发射能力

探月工程任务的复杂性，决定了探测器设计难度大、功能复杂，受到运载火箭的发射能力限制，系统的重量资源十分紧张。在系统集成设计方面进行了大胆的尝试，通过电子设备的集成设计将系统配电管理、机构控制、温度控制、火工品管理、自主管理、遥测遥控、数据复接等功能集成到数据管理分系统或综合电子分系统实现，降低了系统资源需求。

（3）恶劣的环境与任务可靠性

恶劣的月球表面工作环境，给系统可靠性工作带来了巨大的挑战，更由于资源紧张，不能采用简单的冗余备份方式，为此通过桅杆的功能复用、导航相机和全景相机的异构备份、器地和器间测控数传信道的异构备份等优化设计方案，大大地简化了硬件配置，在保证系统可靠性的同时，降低资源开销。

（4）环境模拟的真实性与地面验证充分性

月球探测涉及月尘、低重力、月表红外辐射、高低温等特殊环境，其地面模拟十分复杂，全面模拟实现代价过高，有时甚至不可实现。在系统试验策划过程中，本着分析、仿真、试验验证相结合的技术路线，采用环境效应模拟方法，将复杂的环境分解，发展地面环境模拟方法与技术，实现了探测器设计的充分验证。

▌ 工程与社会

从国外的发展历程看，深空探测从来就不仅仅是单纯的科学或技术活动，它被赋予了更多的涵义。从科学角度看，它研究的是宇宙和生命起源这一类最根本也是最前沿的问题；从技术进步角度看，它能够引领发展尖端的技术；从人才角度看，它能够吸引、培养和锻炼一大批相关领域的顶尖人才；从经济角度看，它需要非常雄厚的经济实力，并能够创造新的经济增长点；从政治角度看，它争取的是未来的领先地位；从思想角度看，它代表的是人类追求更强能力、更远到达、更广视野、更深认识的理想。深空探测可对一个国家产生多方面、多维度、综合性的影响，促进多个领域的进步，这正是开展深空探测活动的意义所在。我国月球探测工程与社会发展之间的关系表现在：

（1）国家实力的增强为月球探测工程提供了坚实的物质基础

综合国力的增强，使包括嫦娥工程在内的科技重大专项的实施成为可能，这其中既包括经费方面的保障，也包括基础工业、技术能力等方面的提高，使复杂的设计可以转化为现实的产品，还包括电子、计算机、材料等行业的发展，为工程关键技术攻关奠定了更好的技术基础。

（2）推动航天技术发展，服务航天强国建设

在月球探测工程中发展的技术将直接应用于后续航天任务。例如：双目立体视觉技术是玉兔号月球车识别地形障碍必须使用的技术手段，这些技术可以直接应用于机械臂避障检测、非合作目标识别等技术领域；服务于减重发展起来的铝镁合金机箱更可广泛应用于各类卫星、飞船，在满足功能要求的同时，机箱重量可减少 1/3；软着陆使用的变推力发动机提高了航天器轨道控制能力。

（3）工程的技术成果将产生长期的辐射效应

团队攻关研制的新型高性能产品，科学探测取得的成果，带动了自动控制、信息技术、微电子、新工艺、新材料等领域一批新技术及其产业化发展，促进了天文学等学科的发展及空间科学、空间技术的应用，实现了我国航天研发、制造、应用能力和水平的跃升，形成了代表综合国力的高技术群，推动了我国经济与社会的持续进步，特别有益于当今时代背景下低能耗、低污染、高附加值的绿色增长。例如：立体视觉技术既可应用于家庭服务机器人，也可应用于野外无人作战平台；月球车路径规划技术可以应用于仓储机器人等自动化工业平台；流体回路技术可以应用于超大型计算机散热；着陆腿中的高效轻质缓冲材料也有广泛的应用前景。

（4）提高了航天的社会关注度

工程的实施得到了社会的广泛关注，尤其是网络等新媒体形式的介入，使社会公众，尤其是青少年对科技发展的关注程度有了新的提高。关于在当前国情下为什么要探月的讨论，使公众更好地理解了国家的科技政策；为巡视器征名的活动更是吸引了众多网友参加。玉兔的微博，以卖萌的形式，吸引了几十万粉丝的关注，这么多人关注一个探测器状态的变化及安危，十分少见，这甚至引起了关于公众信息传播方式的学术讨论。可以说，无论是科学家还是老百姓，都在月球上找到了各自所好的寄托，满足了多种社会需求。

中国的深空探测事业，从无到有，成绩斐然，前景广阔。"嫦娥五号"执行采样返回任务，把月球的土壤带回地面进行研究。火星迎来中国人的首

次造访，一次实现环绕、着陆，以及火星车的巡视勘察。目光放远，月球基地、小行星探测、木星探测等任务，或者即将立项，或者列入规划，或者在老院士的建议书中，或者正在青年才俊的缜密构思中，逐步从设想变成蓝图。

月球保护地球不受伤害

深空探测器技术体系

与典型航天器相同，深空探测器的研制技术构成包括总体设计技术、系统工程技术、综合测试技术、热控制技术、结构与机构设计技术、姿态与轨道控制技术、测控通信技术、空间电源技术等，这些技术构成为第一级技术项。继续对第一级技术项进行分解，得到了第二级技术项。

对每个第二级的技术项进一步分解，又得到了第三级技术项，以热控制技术为例。

航天器热控系统的任务是通过合理地组织航天器内、外热量的传输、利用和排放，保证航天器的结构部件、仪器设备和航天员的工作环境温度在所要求的范围内。以第一级的热控制技术项为例，"热控制技术的三级体系"图中用不同的颜色区分嫦娥三号探测器的工程研制对该技术项的作用：对于无明显技术发展的项目用褐色表示；有一定发展的项目用黄色标识；由任务需要而发展出的项目用紫色表示；没有采用的技术项目用绿色标注。对"嫦娥三号"的热控制技术应用、发展情况，进一步说明如下。

1）无明显技术发展的项目包括：热布局设计、辐射交换因子计算、外热流分析、热网络模型建立、分析模型修正等；在热控硬件方面采用的常规热控措施包括热控涂层、热管、导热填料、热电制冷、多层隔热、电加热器等；热试验方面采用的红外笼热流模拟技术、电加热表面模拟技术、冷黑环境模拟技

月球车与火星车

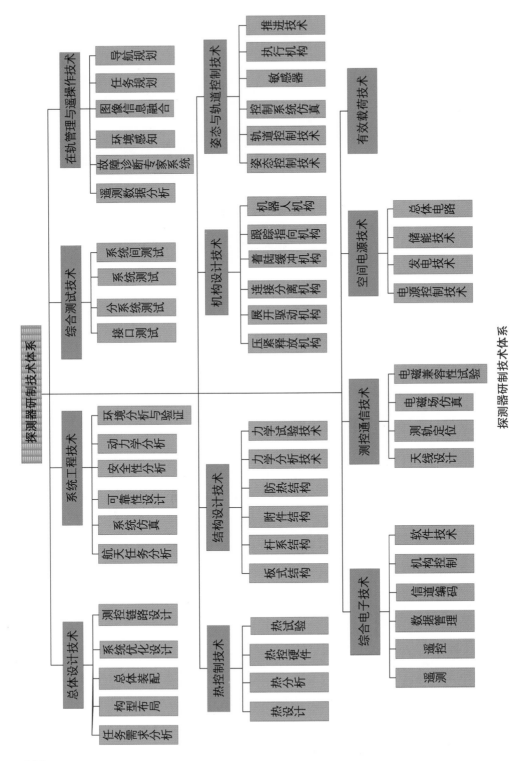

探测器研制技术体系

226

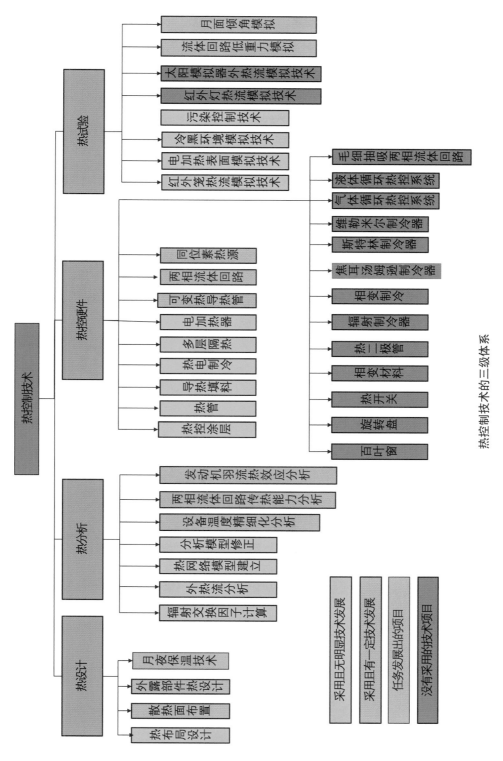

热控制技术的三级体系

术和污染控制技术。

2）有一定发展的技术项目包括：散热面布局、外露部件热设计、设备温度精细化分析等；在热控硬件方面有着陆器采用的可变热导热管等。

3）由嫦娥三号任务需要而发展出的技术项目包括：月夜保温技术、两相流体回路传热能力分析、发动机羽流热效应分析、流体回路低重力模拟、月面倾角模拟等；热控硬件方面的发展主要是采用了两相流体回路及同位素热源。

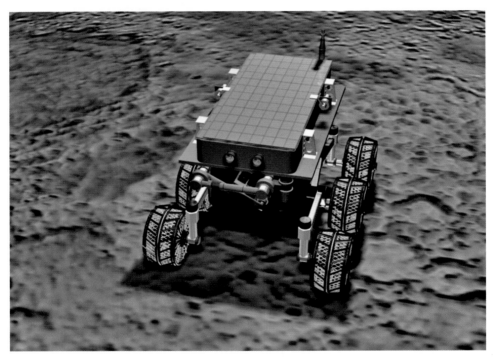

月球车休眠状态

星球车的关键技术

■ 月球车与火星车

在月球工作过的移动车辆，共有7台，包括苏联的2台无人探测车辆Lunokhod，美国的3台为航天员服务的月球车LRV，以及中国的"玉兔一号""玉兔二号"。"玉兔一号"于2013年年底抵达月球正面虹湾地区，"玉兔二号"于2019年1月3日开始，在月球背面南极——艾特肯盆地的冯·卡门撞击坑开展巡视探测。在火星工作的移动车辆，包括美国的4台火星车。2020年夏季火星探测器发射窗口，中国、美国均有火星车奔赴火星。

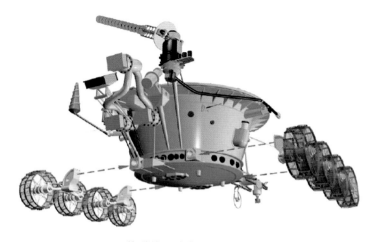

苏联的月球车 Lunokhod

美国的月球车 LRV

美国的火星车

三代火星车

玉兔号月球车在进行通信试验

玉兔号月球车发射前的最后确认

火星车发射前

结合月球车和火星车的研制，中国的地外天体巡视探测技术得到了迅速发展，那么，月球车、火星车在地外天体完成任务需要哪些技术支撑呢？

▎ 技术难点

月球车、火星车需适应星球表面环境，在巡视区域内开展探测活动，并将探测数据传回。具体功能包括：承受运载发射、地球至目标天体转移、目标天体附近制动、下降、表面分离、表面工作以及休眠等任务过程中可能遇到的力学环境和空间环境；与着陆器（或着陆平台）协同完成分离过程，安全到达星球表面；在巡视区域移动，具备前进、后退、转向、爬坡、越障等能力；具备环境感知、姿态确定、相对定位、路径规划、运动控制、安全避障等能力；携带有效载荷对巡视区域内科学目标进行就位探测；建立测控与通信链路，具备数据管理与传输等能力。

与一般航天器相比，月球车、火星车的设计难度主要体现在：

（1）环境十分恶劣：月球车、火星车的设计难度首先来自星球表面环境的复杂性，对环境、环境的效应、环境效应模拟方法的认识是一个逐步深化的过程，探测任务执行之前，对星球表面环境的认知通常存在较大的不确定性。

在玉兔号月球车的设计过程中，需要重点考虑的环境因素包括：着陆点月面温度在 −190~90 摄氏度之间变化，正午时月表红外辐射热流密度与太阳辐照的热流密度相当，给整器散热面的选择带来限制，更给舱外设备的设计带来巨大的困难；月尘对机构的密封设计、光学镜头防静电设计、太阳电池电路设计、热控散热面参数选择等有影响，需要了解月尘的密度、沉降规律、带电特性等，使月球车具备较强的环境适应能力；需要实现月壤、月面地形地貌、1/6g 等环境的地面综合模拟，对月球车进行严格的设计验证。

对火星车的设计而言，首先面临的是火面低温问题，夜晚火星大气的温度低至 −100 摄氏度，需要考虑尽可能收集能量，或者以化学能的形式存储在蓄电池中，或者以相变能的形式存储在烷类相变材料中；其次需要考虑火星大气对太阳辐照的衰减作用，根据能源情况安排工作内容，特别极端的沙尘暴天气，能量不足以维持火星车工作需要时，则进入休眠状态。

（2）技术跨度巨大：月球车、火星车是一种全新的地外天体移动探测平台，技术跨越比较大。

在玉兔号月球车的系统设计中，根据月面环境，以及月球车的月表通过性要求和设计约束，开展了大量仿真分析与地面试验，优化车轮、悬架的形式及设计参数；采取双目立体视觉技术，实现环境感知，采用适宜度分析、避碰检查等多种技术，遥操作与自主相结合，实现路径规划；利用两相流体回路和同位素热源，实现月夜生存；采用光照自主唤醒等技术，实现月球车的月夜休眠及月昼唤醒。

针对复杂的火星表面地形环境，重点关注火星车的移动通过能力和沉陷后的脱困能力；为了最大程度利用太阳能，能源系统首次采取了最大功率点跟踪技术；由于距离遥远，火星车工作的自主性要求比较高，任务的完成、复杂环境的应对、故障情况的处理等，主要由火星车自主完成。使用的很多技术属于首创，或者是首次在航天领域中应用。

（3）工作模式复杂：月球车、火星车在星球表面工作过程包括释放分离、表面测试、表面工作等多个阶段，还要经历月夜、月食、日凌、火星沙尘暴等特殊环境下的工作过程。

根据玉兔号月球车的任务分析，设计了感知模式、移动模式、探测模式和充电模式，分别完成月面环境感知、月面移动、科学探测以及补充能源等任务，考虑到任务实施过程中可能出现意外或故障，设计了安全模式；针对月面光照条件以及进出月夜，设计了月昼转月夜模式、休眠模式、月夜转月昼模式。

火星车设置的工作模式与月球车类似，但是需要着重考虑通信窗口对工作程序安排的影响，以及与负责数据中继任务的环绕器工作安排的匹配性。

（4）资源约束严格：系统设计中，重量、功耗、体积等方面的约束十分严格，降低资源消费贯穿设计过程始终。

玉兔号月球车研制过程中，在系统层面采取了定向天线、全景相机、导航相机所需的指向功能，集成在桅杆上统一实现，太阳能电池板同时肩负功率输出、月夜保温、极端高温条件遮阳功能，分时使用。火星车在单机设计层面采取的措施包括电子设备的集成、机构的轻小型化、多机构控制分时复用、统一供电等，在导线、插头选用，以及焊点质量控制等环节，更是采取了极致控制措施。

考虑到月球车、火星车设备、科学仪器的布局，相机、天线、太阳能电池板一般安放在探测器顶部，如果倾覆，即使复位，也无法正常完成后续科学探测任务，因此月球车、火星车在执行巡视勘察任务的过程中，安全是必须予以保证的前提条件，由于存在时延，必须增强月球车、火星车的状态检测、危险感知、自主危险处置能力。

月球车、火星车的技术指标一般包括移动能力、导航控制能力、测控能力、能源能力、科学探测能力、数据管理能力等方面，最具特点的技术指标是移动、导航控制方面的技术能力定量要求。移动能力主要包括移动速度、越障能力、转弯半径、行驶里程、爬坡能力、静态稳定角等。导航控制能力包括静态定姿能力、动态定姿能力、紧急避障时间、紧急避障距离、自主行驶距离等。上述技术指标决定了月球车、火星车在任务执行过程中的主要能力，需要结合任务要求、技术基础等因素综合考虑，通过仿真、试验等手段论证、确定。

月球车、火星车的主要关键技术包括：移动技术、导航控制技术、自主与智能技术、热控制技术、遥操作技术等。

▌ 移动技术

月球车、火星车的移动系统关系到月球车、火星车在非规划环境下的通过能力，同时也是月球车、火星车的重要外观特征，在设计时最受关注。

苏联的月球探测车 Lunokhod 是一辆八轮月球探测车，车体结构分为上下两部分，上部分是仪器舱，下部分是移动底盘，底盘对称装配八套扭力式独立悬架机构。美国的 LRV 为电动四轮独立驱动、独立转向车辆，每个车轮与结构通过双横臂悬架连接，可以承载两名航天员。发射阶段，底盘处于折叠状态，着陆后底盘展开。美国的三代火星车均采用六轮独立驱动、前后四轮独立转向的主副摇臂悬架系统，这种悬架系统能提供优越的越障能力。

中国月球车研制过程中，提出了四轮变形轮、带有挖土功能的履翅可伸缩车轮等新型车轮方案，以及正反四边形悬架等新型悬架形式方案，综合考虑重量代价、可靠性等原因，中国的玉兔号月球车最终采用了六轮驱动、四轮转向的主副摇臂悬架形式，车轮采用弹性筛网轮。

火星车依旧采用六轮驱动主副摇臂悬架形式，但是改进为主动悬架形式。悬架由两侧主副摇臂悬架及差动机构组成，主、副摇臂相互铰接，铰接点处加装离合器，根据需要松开、锁紧主摇臂和副摇臂之间的转动副，两侧悬架通过差动机构相连，差动机构与车体相连，差动机构输出轴两端联接夹角调节机构，可以控制主摇臂的长短臂绕差动轴转动。另外，六个车轮均可独立转向，车轮采用实体胎面轮。

这样火星车的步态可以分为：普通步态、蟹行步态、车体升降、车体质心移动、蠕动步态、抬轮。其中普通步态与被动主副摇臂悬架功能步态基本相同，为火星车平常使用的步态，但增加了蟹行运动功能，用于灵活避障及大角度爬坡等使用场景。其余均为主动步态，在特殊场合下使用，包括落火后车体抬升，车轮沉陷后蠕动脱困，车体着地的抬轮脱困，故障轮抬离地面等应用场景，这使火星车的悬架功能更加强大，也更加复杂。

235

▌导航控制技术

月球车、火星车的导航控制技术与典型航天器的差别也比较大，主要用于在自然地形环境中控制探测器安全行驶到指定的工作点，因此，必须具备确定辨别目标位置、确定自身姿态与位置、对周围环境进行感知、规划到达目标位置的路径、控制探测器沿规划路径移动、识别危险与障碍等能力，一般硬件配置加速度计、太阳敏感器、陀螺等。

通过太阳敏感器感知太阳矢量方向，结合加速度计等传感器确定重力矢量方向，得到车体静态姿态；在运动过程中，结合陀螺信息输出动态姿态。环境感知技术基于相机或者结构光辅助下的立体视觉技术，对周围自然环境进行三维恢复，识别障碍，为路径规划和避障提供地形信息。再结合移动通过能力，完成路径规划。在松软的土壤环境下运动，存在滑移、滑转，为了适应地形，每个轮子分配的负载不同，为此，需要研究协调车轮驱动、转向的协调运动控制算法，提高驱动效率，实现优化控制。

▌自主与智能技术

在深空探测任务中，距离遥远，环境复杂，是航天器设计面临的一大难题，月球车、火星车任务执行过程中上传指令的延迟、星体的空间遮挡、低数据传输率等问题，导致探测器的自主管理与智能控制变得愈发重要。

因此，航天器设计人员希望构建一个系统级的自主系统，将地面遥操作解决的问题与航天器自主解决的问题适当地划分开来，月球车、火星车自主完成任务级指令分解、复杂环境应对、故障诊断和恢复等任务，在执行过程中监测探测器状态，并确定是否处于健康状态，根据需要进行故障处理或系统重构。

美国的索杰娜号火星车仅能执行简单的命令序列，勇气号和机遇号火星车的主要工作模式提升到自主导航加遥操作，而好奇号火星车的主要工作模式增强为长距离自主导航加遥操作，在火星行走时所进行的路径规划，以及在采样过程中对机构的精准控制，均能自主完成。

中国火星车自主功能设计借鉴了国外技术成果，并有自己的特点，火星车的自主能力包括自主能源、自主通信、自主探测、自主故障诊断等方面，形成火星移动智能体。

▍热控制技术

月球车、火星车的热环境比较复杂，涉及低温环境下探测器隔热保温问题，还有在高温条件下的废热排散问题等。

针对高温问题，月球车将所有设备倒挂在顶面之下，缩短设备到散热面之间的传热路径，在月球中午如果遇到设备温度超过允许范围的情况，可以竖立太阳能电池板进行遮阳；针对月夜低温问题，利用两相流体回路将同位素热源的热能在需要时引入舱内，保证月夜时设备的储存温度环境。

火星车热设计主要面临低温问题，仪器集中安装在两个设备舱内，两个舱均与外界热隔绝。长期工作的设备安排在热舱，短期工作的设备安排在冷舱，最大限度保证设备的工作和存储温度要求，还要保证所需能量最少。考虑传统多层辐射隔热方式不适应火星表面低气压环境，专门使用了气凝胶这种隔热性能好、质量又轻的材料，实现设备舱保温。还要注意控制设备间距，抑制自然对流，实现气体滞止隔热。

传统光转电、电转热过程效率只能达到 30%，为了提高转换效率，专门研发了直接光转热的太阳能集热技术，白昼吸热并将能量存储于相变材料之中，夜晚放热保证仪器处于合适的温度水平，既实现吸热保温，又达到了消除温度变化峰值的目标。

▍遥操作技术

顾名思义，月球车和火星车的遥操作技术，指的是在任务执行过程中，根据下传的图像等信息，确定任务目标，制定工作计划所必须突破的相关技术，主要包括绝对定位、相对定位、图像融合、任务规划、路径规划、机构规划等。

着陆点定位是月球车、火星车开展后续科学探测活动的重要基础，天线对地指向、姿态确定等行为，都需要准确的着陆点经纬度信息。在着陆之后，对降落相机获取的系列降落影像与环绕器轨道遥感获取的着陆区影像进行融合处理，可以实现高精度定位。

相对定位指的是确定相对着陆点的方位、距离，利用立体相机对周围环境拍摄的图像，遥操作系统完成三维地形重构，制作正摄影像图和数字高程模型，结合车轮行驶里程、惯性导航系统的测量结果等信息，完成相对定位。

信息融合指对多对立体相机在不同站点拍摄图像信息进行综合处理，这种方法有利于减少立体图像三维恢复时同名点的匹配误差，解决单站点图像由于地形遮挡等原因产生的视觉盲区，以及车轮附近障碍可能不在当前站点导航规划的三维地形恢复范围之内等问题。

任务规划指的是考虑月球车或火星车的能力，以及工作约束条件，根据当前站点周围环境信息，制定未来探测计划的过程。对月球车、火星车而言，考虑的主要是战略层次的问题，包括行驶主方向、休眠地点、科学探测目标的确定等。

路径规划解决的是在当前站点对应的周围地形图上，如何确定一条到达目标点的安全行驶路线，可能包括直线运动、曲率运动、原地转向等移动方式的组合。

机构规划指的是根据星历、车体的位置和姿态信息等，为实现特定目标（充电最大化、对地球通信、对科学目标进行探测等），形成的机构运动需求。

▌展望

巡视探测相关技术发展了五十多年，目前人类已经在月球、火星上开展过巡视探测活动，美国在相关技术领域处于领先地位。我国通过玉兔号月球车的研制掌握了相关关键技术，特别是"玉兔二号"实现了人类首次月背巡视探测，已经成为在月球工作时间最长的月球车，火星车更将相关技术推动到较高水平，特别是在移动技术、热控制技术、智能与自主技术等方面形成了特色。

未来的发展主要体现在两个方面：一方面是结构形式更多样化，如基于仿生思想的腿式、跳跃式等月球车、火星车，可以对常规轮式探测车不能到达的地带进行探测研究；另一方面，随着深空探测任务的多样化和复杂化，自主需求越来越迫切，实现在无人干预情况下的长期系统级自主是月球车、火星车自主管理技术发展的重要方向。

火星探测多种选择

生命起源等重大科学问题，使火星在相当长时间内持续成为深空探测的热点对象，火星极区、土壤恒温层，以及火星卫星等仍是重要的探测目标。火星着陆巡视及取样返回任务中，尘暴、低气压、低温环境的影响，是探测器必须面临的问题。进入到火星表面资源利用（推进剂原地生产等）、地球化技术（生物舱等）验证阶段，更涉及资源获得、储存、输运等一系列工程问题。

未来的火星探测任务中，探测形式将更趋多样化。综合分析国际深空探测发展趋势，考虑我国深空探测从技术突破阶段向创新发展阶段的需要，对火星探测近、远期任务进行展望。

掠飞探测由于很难再有科学发现，已经被摒弃，但是不排除在行星际探测中，利用火星实现借力飞行，顺访火星。

环绕探测仍将是主要探测形式之一，包括火星重力场、磁场、表面地形地貌等目标的全局精细探测。同时作为火星表面探测器的通信中继，甚至可能发展成为地球之外的又一通信网络。与地球同步轨道卫星类似，火星同步轨道对保持通信链路而言，具有使用价值。日火系统的拉格朗日点是否在通信方面具有优势，激光通信的技术优势，也值得研究。

硬着陆探测产出少，通常不会采用，但存在利用硬着陆的能量或其他方式产生机械波，服务火星内部结构探测的可能。

软着陆探测可以对火星表面进行多种探测手段的全面、深入探测，也是火星探测的主要形式之一。未来的发展方向包括极区探测、感兴趣地区的高精度着陆探测等。

巡视探测的优点是扩大火星表面精细探测的范围，克服着陆点精度影响，是未来火星探测最重要的形式。技术上向提高探测能力、移动速度、地形适应性、自主能力等方向发展。

取样返回将使人类对火星的认识提高到一个新的高度，具有里程碑意义，包括火星样品取样返回、火星卫星样品取样返回等，多个国家正在规划这类探测任务。

载人火星探测更是火星探测皇冠上的明珠，具有划时代意义，但是其巨大的技术挑战和极高的经费需求，使其备受争议。

在主探测形式之外，还可以有如下附属探测形式及发展目标：

1）钻探。火星土壤恒温层利用、水冰探测等科学与技术问题，使得钻探探测、钻探取样成为一种重要的附属探测形式，需要解决废热排散、样品"原位"状态保存等技术问题。

2）浮空气球。利用火星大气可以使小型探测装置在大气层内长距离飞行，是环绕探测的一种补充。

3）火星飞机。火星大气密度低，实现火星飞机巡航探测的技术难度很大，需要材料、发动机、能源获得等方面的多项技术突破。

4）风滚草。将小型探测仪器置于轻质膨松结构内部，通过风能实现火星表面的不可控移动探测，作为移动探测形式的一种低代价补充。

5）火星蛇。属于子母型探测器的一种，可用于复杂地形探测、土壤浅层探测，甚至特殊情况下作为锚点，用于抢救沉陷的火星车。

6）火星蛙。通过慢蓄能、快释放过程，实现探测地点的转移，是移动探测形式的一种补充。

7）生物舱。火星是人类行星际移民的最可能目标，地球化改造涉及提高大气密度，提高火星表面温度、氧气生物学制造、建筑材料的原位生产等，都是重大工程难题。利用火星大气中的 CO_2、光能，以及剩余推进剂燃烧产生的

少量 H_2O，探讨 O_2 生产可能性等工程目标，可能被列入到火星探测的远景规划中。

8）推进剂原位生产。利用 CO_2、H_2O 等，在火星表面生产推进剂，包括 CO/O_2、CH_4/O_2 等选择，是探测发展到火星工厂阶段的重要任务，进行原理性验证是颇具吸引力的工程目标。

9）科学技术普及。在完成任务科学目标、工程目标的同时，也需要对任务的科学技术普及目标进行适当考虑。例如通过相机拍摄火星日落、火卫凌日、卫星食、流星、小旋风等景色，记录火星表面风及火星车移动产生的机械振动，极区雪橇方式移动，语音控制火星车移动，纪念地标设置，将中国传统文化元素带到火星等，对扩大任务影响，提高科普效果等，均有好处。

火星飞机与火星气球

火星飞机是指在接近火星表面的火星大气中以相对较低的速度（通常为亚声速）飞行的一类特殊航空器。火星飞机充分利用火星大气提供升力，探测方式灵活，并可适应复杂地形，兼顾了较大的探测范围和局部区域深入探测需求，是一种很有发展前途的探测形式。

火星飞机主要包括固定翼、旋翼、扑翼等形式，其技术形式与地球中低空飞行器具有相似性。

固定翼火星飞机是指其机翼构形相对机身固定不动的飞行器。从气动原理上讲，其升力主要从固定翼的上下气动压力差产生。根据固定翼飞行器续航能力的要求，分为有动力和无动力两种类型。

美国提出的 ARES 飞行器采用卫星双组元推力器作为动力系统，机体采用复合材料，采用了翼身融合式布局，机长 4.45 米，翼展 6.25 米，质量 113千克。日本论证了一种小型火星螺旋桨推进方式飞行器，质量仅为 3.5 千克，翼展 2.8 米，巡航飞行速度每秒 50 米。除了上述处于概念研究的有动力火星飞机外，还有一种无动力的滑翔机，在飞行时主要利用自身重力在前进方向分力克服气动阻力保持前进速度。飞机释放高度越高，留空时间越长。

旋翼飞行器依靠旋翼转动提供所需升力和飞行前进力，可以实现在火星表面悬停、低速移动、反复起降。美国 JPL 正在开展火星小型共轴双旋翼飞行器研制，飞行器质量约 1.8 千克，旋翼跨度 1.1 米，采用上下布置共轴系统，动力系统位于上部，仪器舱及支架位于下部。为提高升力，设计转速达到 2400 转每分钟，每天可飞行 2~3 分钟，飞行距离约 0.5 千米。在飞行器顶部圆盘上安装太阳能电池。

固定翼火星滑翔机

双旋翼飞行器

2000 年，美国研究生直升机设计大赛中提出了一种四旋翼火星飞机，重约20 千克，巡航飞行速度 30 米每秒，悬停 5 分钟，旋翼桨尖尾速度马赫数为 0.8。

四旋翼火星飞机

扑翼飞行器利用了类似地球上昆虫飞行时涡流增升能力的原理，产生高升力的原因主要是扑翼有更强的"前缘涡"并延迟脱落。

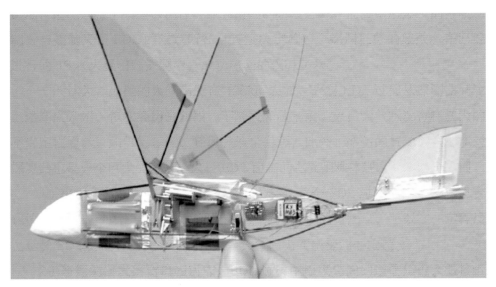

扑翼型火星飞机

美国机智号火星直升飞机

美国毅力号火星车于 2021 年 2 月份抵达火星。在这次任务中，另一个亮点是要进行火星无人直升机的首次飞行试验。

在为期 30 天的火星飞行测试中，这架火星直升机预计能进行 5 次飞行，每次飞行几百米，持续 90 秒以内。在首次飞行中，它将垂直爬升到 3 米，在空中盘旋大约 30 秒。即使火星直升机试验失败，火星车的任务也不会受到影响。

火星直升机相当于在地面高空 30 千米上飞行。为此，火星上无人直升机的旋翼只能选择更加快速的旋转，来产生足够的升力。NASA 采用双叶片共轴对称旋翼，其转速高达每分钟 2400 转，是地球上直升机旋翼转速的 8 倍。为了提高在火星条件下旋翼的升阻比和效率，采用了极薄的较大弧度的翼型；为了保证旋翼有足够的强度和刚度，旋翼的材料采用了高强度复合材料。

这次飞行试验的成功，使美国成为第一个在外星操控航空器的国家。

在火星气球方面，已经开展研究的火星浮空气球主要包括零压气球和超压气球两种。零压气球内的压力与火星大气压力

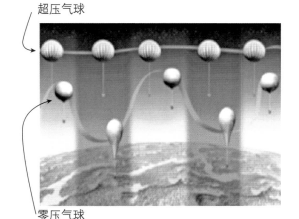

超压气球

零压气球

超压气球与零压气球对比

基本相同，设计简单，对气球气囊材料的要求不高，缺点是由于白天和夜间太阳辐射的差别，气球不能保持在同一高度。超压气球中气体压强在白天会升高，要求气囊承受一定的压力，气囊材料选择与结构设计有一定的难度，优点是可以始终保持在特定的高度进行探测。

NASA 研究的火星超压气球系统由球体、连接缆绳、轨迹控制装置、吊舱、气球释放装置等组成。

球体是产生升力的部分，需要承受昼夜变化带来的压差变化，要具有较高的强度。通过连接球顶和球底的高强度延伸性加强筋，使球膜在受到较大的内外压差时形成圆弧状突起，这种结构可以减少球膜曲率半径，增大可承受的压差。

南瓜形超压气球

吊舱包括供电、控制、通信、任务载荷等。供电可采用太阳能电池＋蓄电池方式，或者采用高效燃料电池。通信系统可以实现对轨道器、火星表面移动巡视器或着陆平台的中继通信。

火星气球的技术难点主要体现在研制轻质耐压的气球材料，要求易于收纳和释放展开。此外，目前还无法有效实现对气球的飞行控制，不利于对指定目标的观测，适于普查性质的环境探测。

（4）宜居化的特征

宜居化环境的基本特征包括：

1）长期性。宜居化的目标是人类在火星表面的长期生存，因此宜居化环境建设涉及的方法、技术需要符合可持续发展的需要，不能对周边环境产生危害。

2）安全性。宜居环境着眼于人类居住的安全，通过多个居住区的局部隔离、备份冗余等手段，使生态系统具备一般性故障的应对能力。对小概率的灾难性事件，也需要具有一定的应对能力，如陨石撞击等。

3）自洽性。随着宜居化技术的发展，资源的本地化满足程度逐渐提高，系统对外部资源的依赖局限在少量火星稀缺资源，实现绝大部分资源需求满足的本地化。

4）发展性。利用火星资源，发展技术，不断提高环境的宜居程度，实现持续发展。

火星宜居化技术需求

为了实现火星表面环境改造，实现城堡式宜居环境的目标，对其技术需求分析如下。

（1）电

最简单的能源获得方式是太阳能。在火星表面，可以利用火星光谱匹配的太阳能电池阵，通过光伏效应，将太阳能转换为电能，转换效率大于30%，可以辅助以聚光等手段，提高单位面积的能源转换效率。为了提高能源供应的稳定性，考虑在火星轨道构建太阳能发电系统，通过激光实现能量的定向传输。

核能的利用也必不可少，同位素衰变的能量有限，有发展前途的还是可控核聚变。

火星表面气压很低，其风能利用，难度较大，需要发展全方向适应的宏尺寸风能转换设备。

温差发电、微生物燃料电池等技术也需要关注，实现能源利用的最大化。

能量的存贮十分重要，需要发展超级电容等高能量密度存储设备。

（2）氧

火星表面短期活动的制氧方式可以利用碱金属及火星表面充足的 CO_2 资源。也可以利用 H_2O_2 催化分解方法，同时满足生存所需要的两个重要条件，催化剂一般选用基于锰、钴等的金属盐和氧化物。工业化的制氧手段可以采取二氧化碳分解法，再通过膜分离或分子筛技术分离 O_2，其反应为

$$2CO_2 \rightarrow 2CO+O_2$$

水的电解，以及在矿物开采过程中，通过加热硝石等矿物，也会产生 O_2。

成本更低的制氧方法是生物制氧，包括利用微生物和植物制氧。早期主要方式为微生物制氧，微生物适应的环境范围较广，例如，Franzmann 等在南极艾斯湖底层水中分离到嗜冷的乳酸细菌，微生物制氧的运行条件较容易满足，光能自养生物在无机环境生长繁殖，利用 CO_2 作为碳源，利用铵盐或硝酸盐为氮源，完成繁殖。光能自养生物主要有光合细菌、厌气紫硫细菌等，以火星表面改造后的环境为生存环境目标，利用基因改造技术培育新的品种实现生物制氧。

更进一步，可以使用体型微小的藻类和真菌，在条件具备的时候，发展到利用更高级的植物完成制氧。

（3）水

火星表面最廉价的水资源来自于极区的水和干冰混合物，可通过适应低温环境的移动智能体，自主完成开采、运输、分馏过程。矿物开采的过程中，也会有结晶水析出。还需要发展废水处理技术，避免宝贵的水资源被浪费掉。野外工作时，可以利用 H_2O_2 催化分解获得生命保障所必需的水。

（4）光

光能是最主要的宜居化初始能源形式，为避免尘暴等因素的影响，最方便的方式是在轨道器上布置太阳能发电站，再以激光或微波的形式传输至火星表面。在火星表面，太阳能除用于发电外，还用于光合作用、照明、局部高温实现等。一种特殊的短时间获得光的方式是激光点燃的金属粉末在 CO_2 环境中燃烧。

（5）建筑材料

火星土壤可以作为建筑的材料，设想通过高温熔化，再用 3D 打印的方式

实现建筑构造，利用硅土形成建筑构件，材质类似于玻璃，可以实现气密性。

火星土壤中含有丰富的盐类，包括碳酸盐、硫酸盐、氯化物等，利用不同成分的矿物，通过冶炼，可以生产出铝合金、铁合金、单晶硅等宜居化必需品。

（6）食物

最主要的食物是藻类，其繁殖过程要求低，并可以供应人类生存必需的营养物质，逐渐发展到植物食物，包括水稻、小麦等自花授粉粮食作物及各种蔬菜。为了避免口味的单一化，使用各种风味丸进行调剂。

（7）推进剂

最容易实现的本地化化学推进剂是LCO、LO_2，如果认为这种推进剂组合的比冲小，还可以使用LCH_4、LO_2，LCH_4的获得方式可为

$$CO_2+2H_2 \rightarrow CH_4+O_2$$

另外在火星表面的短距离移动可使用电动车、气球作为运输工具，远距离运输则可使用磁力炮和降落伞。

宜居化技术验证

俄罗斯、美国都已经开展了载人火星任务相关的技术验证工作，例如"火星 –500"项目的目的是在模拟火星飞行（长时间、高度自主、与地球通信状态改变——信号传输延迟、消耗品数量有限）过程中，研究乘组长期隔离在狭小的正常压力环境下的"人 – 环境"系统，并获取乘组人员的健康状况和工作能力的实验数据。

从成本考虑，技术验证工作是渐进的，首先是地基研究，然后根据需要开展地球轨道、月球表面的验证试验，最后在火星表面开展技术验证和确认。现阶段可以开展的技术研究与验证项目至少包括以下几方面。

（1）推进剂生产

尽可能利用火星CO_2等资源，实现推进剂的本地化生产，是最急需开展的技术验证项目，对载人火星任务规模的简化具有重要的意义，包括CO_2分解为CO和O_2，以及利用H_2和CO_2生产CH_4、O_2，还包括产物的液化及长期贮存涉及的保温技术等。

这类技术完全可以在地面进行比较充分的验证，缩小生产设备规模和复杂程度，尽早进行火星表面原理性验证。

（2）火星建筑构件的高温打印

利用火星表面的土壤，结合构件打印技术，验证能源利用效率高的建筑构件生产方法，也是一项可以在地面进行验证，在近期就可以安排火星表面技术验证的项目。技术的核心在于高温的实现方法、能源利用效率的提高、辐射防护效果确认、构件材料气密性研究。

（3）移动智能体

在人类移民之前，必定有大量的准备工作，由机器人自主实现，因此需要发展移动智能体，利用这种适应恶劣环境的任务级智能系统，完成早期的资源开采、输运、生产等活动，为最终的移民做好准备。

（4）生物制氧

利用基因技术，筛选改造适应火星表面恶劣环境条件的厌氧生物，在比较容易实现的改造环境下，实现生物制氧的原理性验证。首先应在地球上构造类似于火星表面温度、气压、气体成分、土壤成分等因素的综合环境模拟舱，完成微生物筛选、改性等工作，开展生物制氧技术验证。

在火星表面构建适合人类生存的宜居环境，是一项巨大的技术挑战。这里对火星宜居化涉及的水、氧气、推进剂、电能等资源的获得方法进行了展望性分析，提出了关键技术早期技术验证的设想，其中部分项目已经具备在火星表面开展原理性验证的可能性。

一种深空探测航天员应急生命保障系统

　　航天员在执行远距离探测任务时，如果受到外界损伤或自身保障设备（如航天服、月球车等）出现异常，无法及时返回基地（空间站或月球基地）进行处理和救治，将导致生命安全受到威胁，甚至一个小的异常也可能导致航天员生命丧失。

　　为保障航天员的安全，除采用传统的航天服之外，还可以使用一种能够跟随航天员移动的应急生保系统（简称伴随器），常规状态下，其跟随载人月球车或航天员运动，当航天员出现意外后，携带航天员，通过飞行的移动形式快速返回。

　　伴随器采用火箭发动机，由于航天员运动范围不大，其推进冲量要求不高，对发动机的比冲要求也不高。但受到体积的限制，对密度比冲的要求较高。

　　在月面工作时，还要提供向上的升力。由于月面重力低，克服重力做功消耗的推进剂较少，使得该系统可以服务航天员的月面活动保障。

　　伴随器由底盘子系统、驾驶子系统、地面及飞行驱动子系统、测控子系统、电源子系统、视觉探测系统组成。

　　底盘子系统由两部分组成，这两部分用销轴机构连接，当需要承载航天员时，前后轮反向转动，将中间部分向上拱起，形成倒 V 字形，该状态可以为航天员提供良好的乘坐便利性和耐力学冲击的乘坐环境。

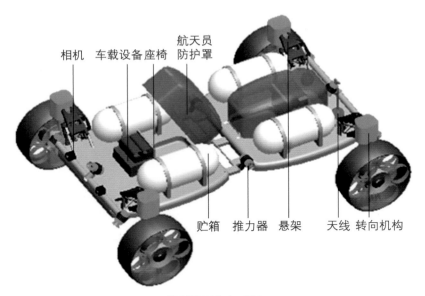

相机　车载设备　座椅　　　航天员
　　　　　　　　　　　　　防护罩

贮箱　推力器　悬架　　天线　转向机构

伴随器设备组成图

　　驾驶子系统的特点是包含航天员防护罩，以防止火箭发动机工作时，羽流、月尘对航天员的侵害。月球车有两套驱动系统，在地面行走时，采用蓄电池电力驱动，在飞行时，采用过氧化氢/煤油喷气发动机为月球车提供飞行动力。

　　底盘中包含了悬架、车轮、车轮驱动机构、转向机构、液体推进剂贮箱、推力器（发动机）等。

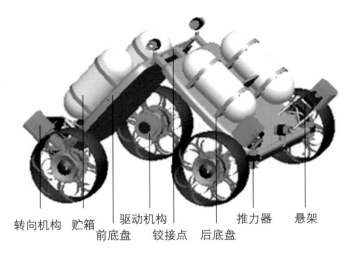

转向机构　贮箱　　驱动机构　　　　推力器　　悬架
　　　　前底盘　铰接点　后底盘

可折叠底盘布局图

底盘的整体布局有以下特点：

1）底盘分为两部分，中间用销连接，前后轮反向转动，即可将底盘中间拱起，呈倒 V 字形，可以为航天员提供舒适的乘坐环境。

2）该车的车轮可分别相对悬架旋转，悬架采用可升降悬架，使得该车在运输过程中可以折叠，减小运输包络。

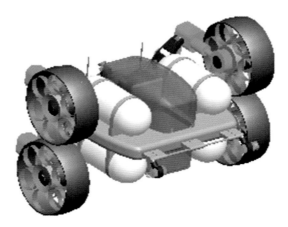

运输过程状态图

该生命保障系统除了能够实现航天员的快速返回之外，还可以实现水、氧气的应急提供，主要通过生命保证装置实现。

该装置在需要时，借用推进系统高压气瓶压力，通过氦气增压方式挤压贮箱中的过氧化氢溶液，溶液进入气体发生器与催化剂充分接触，分解产生高温气体（水蒸气、氧气），经冷凝后分离成需要的液态水和氧气。

曾经广泛使用的催化剂是 $KMnO_4$、MnO 等化合物，目前更多使用过渡金属盐或氧化物，载体材料选择陶瓷等。

该装置主要由进液管道、阀门、流量调节器、气体发生器（含催化床）、螺旋冷凝器、气液分离器、氧箱、水箱等组成。

过氧化氢溶液通过进液管道流入装置，截止阀控制系统是否工作，流量调节器根据系统的压力及液位控制溶液的流量，直至关闭系统。溶液流入到气体发生器中，遇到催化剂分解为高温气体，包括水蒸气和氧气。高温气体通过螺旋冷凝器后，水蒸气凝结，经气液分离器后，氧箱、水箱提供氧气和水到航天服接口，供航天员应急使用。

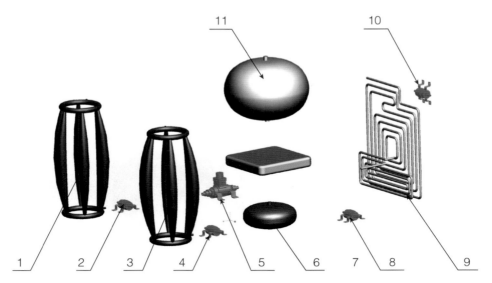

1–气体发生器A； 2–截止阀； 3–气体发生器B； 4–压力截止阀；5–流量调节器；
6–水箱； 7–气液分离器； 8–水阀； 9–螺旋冷凝器；10–氧气阀；11–氧箱

生命保障装置组成

图，好多地方已经变成红色，好多地方已经变成橙色，还有不到一半的地方是绿色的，包括他脚下的洛桑周围。

借着日落之后的余晖，航天港那边飞船密匝穿行，又一批来自太空的货物进港，这个时段运来的应该是火星矿石。和快速移动的亮点不同，余晖散尽，火星静静地悬挂在空中，红红的，荧荧的……

又一缕烟气散开，又一次梳理眼前的困境。很多成员都或明或暗地表示即使奥运会如期召开，出于对运动员安全的考虑，也不会组织他们去海岛城参赛。其实可以理解，那里的疫情确实严重，不时还被记者挖出东道主有意隐瞒疫情严重程度的所谓内幕。皮埃尔是个温和的老人，设身处地想一想，东道主其实也不容易，进退两难，骑虎难下。

换个地方？其实很多个城市都有完善的体育设施，尤其是最近举办过奥运会的两个城市，临时接下来……不，还有一年的准备时间，应该没有问题。可恨的还是疫情，在这么复杂的局面下，哪个城市有勇气接下……

天空彻底暗了，火星愈发明亮。

还有运动员，辛苦四年，铆足劲要在盛典上一显身手，赶不上这届，下一届时估计会有近一半的运动员退役。很多面孔浮现在眼前，有的已经是几届元老了，四年之后，他们都会退役了。

火星清晰地跃动着暗红的光芒，几年前曾经去过那里最大的城堡。印象最深刻的是 3D 打印的半球形玻璃穹顶，阳光射过去，晶莹得有些亮眼，远看就像是个放大版的体育馆。

体育馆。皮埃尔的手顿了一下。烟灰落下，他禁不住向窗口走了一步，抬起头。体育馆！一个想法突然间凌空闪现，如果这届奥运会改在火星的玻璃城堡举办……

新想法突然跳出来，总会让人很兴奋。无论是从公元前开始的古代奥林匹克运动会，还是 1896 年重张的现代奥林匹克运动会，成就了许多风云人物，但他们都是在地球上成为英雄的。如果这届运动会在火星举办，足以吸引观众的注意力，成就第一批火星英雄！

火星玻璃城堡就是一个合适的体育场，改造应该比较简单。这次不会有很多现场观众了，但是转播依旧会抓人眼球，而且现在这种情况，很多人无事可做，也许收视率会爆表，嗯，电视台就关心这个。

他兴奋地来回踱了几步，下了一个决心——要亲自去现场，作为奥林匹克运动的核心人物，比别人晚 20 分钟知道比赛结果是无法接受的。想到这些，他的嘴角泛起了一丝笑纹。

游泳、赛艇和帆船比赛只能取消了，在火星上这样大量用水和犯罪差不多。有点可惜，但也是没有办法的事情。

马术比赛也办不了，严格的行星际旅行政策规定，人类是唯一被允许抵达火星的哺乳类动物。许多人抗议过，要求去火星工作的时候带上自己的宠物，管理局的官员们一直回答说在研究，几十年过去了，也没有任何松动的迹象。

还有铁人三项、现代五项，取消有点可惜，把和水有关的项目，与马有关的项目都替换一下。替换成什么呢？皮埃尔坐了下来，快速地想了一下，没找到答案。算了，这些事情让楼下的技术官员去想吧，现在要把握大方向，对，大方向！

田赛和径赛似乎都没有什么问题，火星的重力加速度远小于地球，这些运动员会变得身轻如燕。对了，还有世界纪录，在火星上，好多比赛项目的纪录都会被改写。那些细致的比赛规则文件没有规定必须是在地球取得的成绩才有效吧？好像没有……

先想个简单的。铅球形状简单，空气阻力的影响小，现在男子铅球的纪录是美国人保持的，好像几十年没有被打破了，接近 25 米。如果在火星上呢？

皮埃尔的数学和物理功底都不错，几十年前会考的时候都是 A。他立即想到计算运动员抛出铅球时的出手速度、角度，还有运动员的高度，构造一个曲线方程，再把其中的重力加速度从地球换成火星，就可以计算出新的纪录大致是多少了。

当然还有一些次要因素，空气密度、空气阻力与铅球速度的关系，甚至铅球旋转的方向和角速度……想到这里，皮埃尔有些沮丧，冲着电子秘书说了一句："男子铅球世界冠军在火星表面能把铅球掷出多远？"

屏幕上一番闪烁："皮埃尔先生，这是一个复杂的问题，男子铅球的世界纪录是 24.94 米，在火星上，一万组统计结果的均值是 62.5 米。"

"那男子跳高呢?""皮埃尔先生，这也是一个复杂的问题，男子跳高的世界纪录是 2.5 米，在火星上，一万组计算结果的均值是 4.98 米。"

好吧，好吧，皮埃尔先生知道这个秘书的版本有点高，所以有点蠢，无论什么事情都想得因素众多，无比复杂，出过几次笑话了。上次他问秘书现在走路回家需要多长时间，计算结果中考虑了他刚换上的新皮鞋。

不理这个书呆子了，标枪要改重些，否则那些大力士又要扔到观众席上去了。跨栏调高些，体操的音乐也需要重编，琐细的事情还真不少，不过都能搞定。

他用手在桌子上抹了一下，算是思路清零。球类运动问题不大，为了适应现在的场地大小，把球变重些，最合适的就是沙滩排球，不用担心沙子里面有贝壳了。自行车似乎不用改什么，摔跤的场地也不用调整，还有柔道，这些就让运动员们自己适应新环境吧。对了，射击、射箭，也不改变规则了，如何在火星上调准星和瞄准具，让那些年轻人和他们的教练仔细想吧。

还有……还有举重，这个需要把杠铃片调重，又是一个成绩将要大幅度提升的项目。

好像一切都想得差不多了，皮埃尔轻轻整理了一下领带，打开通信机说道"女士们先生们，开会!"

（未来火星奥运会畅想）

我在空间站的一天

　　D30，我已经在空间站生活了一个月了。拉开睡袋，向外看了一眼，左边一定是莎拉，来自沙特，很漂亮的一位女航天员。右边是指令长老季，我熟悉他的呼吸声，虽然年纪只比我大十岁，但是他已经是第五次飞了。训练的时候一直是老季带我，算是我的师傅。

　　今天有我的出舱任务，没有平时睡得好。手表显示各项指标都是绿色，只有深度睡眠显示 4h，比平时少了些。我向前伸伸胳膊，把自己从有些僵的身体里唤醒，开始准备早餐。

　　窗外就是我们的"家"，那个熟悉的蓝色星球，白云覆盖在欧亚大陆上，印度洋上空空的，是大面积的深蓝。我吸了一口我最喜欢的美式咖啡，发现左边的舷窗上发射进来一束光，那是月亮。今天是……哦，今天是望日，再过 29 天我就要回家过中秋了。妈妈一定给我准备了葡萄和月饼……

　　手腕微微震动，交班的时候快到了，我猛推了一下舱壁，向指挥舱飞去。

　　扫了一下仪表盘，没有什么异常，我开始预习今天的任务单——与"实验一号"对接，舱外启动实验装置。虽然现在还看不到它，但是我知道，它正在和我们运行在一个轨道面上，只是轨道高度稍高，再过几个小时我们就会追上它。

　　这个新太空站承载了我们所有的实验设备，对我们来说非常重要，不能让它有任何的闪失。

　　不知什么时候莎拉和老季都已经坐在工作台前，没有打扰我。地面询问了我们的身体状态，按照计划我和莎拉开始穿舱外航天服。气闸关闭前老季拥抱了我一下，算是对第一次出舱的我的鼓励。

　　一切正常，地面的声音清晰，老季的指令很稳，只要对接完成，我就可以控制机械臂开始操作了。

　　"'实验一号'变轨正常""对接正常""'青鸟一号'，准备出舱"。我迅速答应了一句"青鸟明白"，操作喷气背包向"实验一号"背着的几个巨大的实验装置飞去。

　　前面的操作都很正常，可是启动最后一个实验装置时遇到了麻烦——适配器连接不上。我有些紧张，这些都是地面无数次练习过的操作，在水槽中还练习过好多次，每次考核我都是优秀，今天怎么了？

　　第二次尝试还是失败了，按照预案，我飞到适配器附近观察，原来是适配器的端面已经损坏了，出现了明显的凹坑，坑边是锋利的金属尖角，感觉像是被一块空间碎片击中了。

　　地面紧急会商，建议取消装置 D 的实验任务。我再次观察后，建议试一下机械臂的柔性适配器，老季和地面反复确认了各项参数后，同意我尝试一次。

　　我更换了机械臂的设置，换上柔性接口。像过电影一样，我仔细回忆了操作要领，深吸一口气，控制机械臂一点一点接近实验装置。还好，连上了！实验装置启动了！

　　耳机里传出莎拉的欢呼声。虽然航天服内温度是恒定的，我还是能感觉到身上沁出的汗珠。

　　"'青鸟一号'，氧气余量 30 分钟，迅速返航"，老季高声命令道。

　　"青鸟明白！"

（陈天琦同学参加载人征文比赛作品，指导老师贾阳）

航天与天文主题
旅游景点推介

2020 年中国航天大动作很多，包括火星探测、月球取样返回等，被媒体誉为中国航天"超级 2020"。这里推荐 20 个与航天、天文相关的旅行、游玩目的地，供你制定旅行计划时参考。其中排在前面的更大众一些，更适合亲子游玩，后面几个景点则是推荐给骨灰级爱好者的。

▌TOP1 北京天文馆

北京天文馆位于北京西直门外大街，是我国第一座大型天文馆，AAAA 级旅游景区，有 4 个科普剧场。天象厅是我国大陆地区最大的地平式天象厅，半径为 18 米的宇宙剧场则拥有标准半球全天域银幕。

类似的还有台北天文科学教育馆等，都特别适合对天文感兴趣的少年儿童。

▌TOP2 中国科技馆

新馆位于北京市朝阳区北辰东路，内容丰富。与天文相关的展区位于主展厅二层，与航天技术相关的内容位于主展厅四层的"太空探索"展区，还有球幕影院、4D 影院等表现手段。

类似的还有厦门集美诚毅科技探索中心等。适合对科技感兴趣的青少年，特点是互动性强。

▌ TOP3 FAST

500米口径球面射电望远镜，简称FAST，位于贵州省平塘县克度镇大窝凼。这里已成为天文科研、科普旅游和青少年科普教育基地。从中国古代星象到"中国天眼"项目，从太阳系中的天体到黑洞、引力波等，知识介绍引人入胜。到"中国天眼"观景台参观必须寄存身上携带的所有电子设备，接受严格的安检，乘坐特制的摆渡车约半个小时，再接受一道严格的安检之后，步行789级台阶就登上观景台了。注意可以使用机械式相机拍照留念。

▌ TOP4 中华航天博物馆

位于北京市丰台区东高地，是中国航天技术最大的展示窗口。主要分为运载火箭、载人航天、人造卫星、月球探测、火箭发射演示等十几个展示区域。类似的还有位于北京航空航天大学校内的北京航空航天博物馆、北京市朝阳区大山子环铁内的北京航空航天模型博物馆。适合对航天感兴趣的高中、大学学生。

▌ TOP5 上海天文博物馆

坐落在上海西南郊的历史名山——佘山之巅，它的前身是有着百年历史的佘山天文台，在这里可以看到"远东第一镜"。1900年，天主教的传教士在佘山新建天文台，安装了从法国购置的40厘米双筒折射望远镜，同时配置赤道仪，这是当时亚洲最大的天文望远镜。

▌ TOP6 南京天文历史博物馆

紫金山天文台是中国人自己建立的第一个现代天文学研究机构，被誉为"中国现代天文学的摇篮"。紫金山天文台旧址已经改造为科普园区，即为南京天文历史博物馆，可以看到浑仪、简仪、圭表、天球仪等古代天文观测仪器。

▌ TOP7 钱塘江

钱塘江位于我国浙江省，最终注入东海，在它入海口的海潮即钱塘潮，天下闻名。适合观看的位置包括盐官观潮景区、观潮胜地公园、海神庙等。可能会有人问这是天文景观吗？其实潮汐就是因为月球、太阳的引力作用而产生的。这个景点老少皆宜，特别需要注意涨潮时间预报。

TOP8 天文农庄

北京市首家天文农庄在延庆龙庆峡景区附近的华海田园，是北京附近天文爱好者喜欢的观星地点。很多天文爱好者和中小学的天文兴趣小组经常来这里进行观测活动，农庄装备了各种高级天文望远镜十余台，可以让参观者用自己的相机，记录下美丽的天体。

北京航天之光农业观光园位于风景秀丽的北京大兴庞各庄梨花庄园万亩梨园之中，是以梨文化为底蕴，以航天科技为主题的综合性园区，以电影、图文展览、实物模型展示、电子触摸互动、航天农业观光采摘等形式全面介绍中国航天及世界航天发展历程。这里特别适合四月梨花盛开时家庭踏青游玩，同时了解航天知识。

流星划过农庄夜空

▌TOP9 北回归线标志塔

　　国内有 10 座以上北回归线标志，只介绍其中两处。北回归线标志塔"自然之门"位于广东省南澳县青澳湾，设计采用汉字"门"字进行演变造型，球体半径 3.21 米（对应春分 3 月 21 日），悬臂长 6.22 米（对应夏至 6 月 22 日），从底座到球体高 12.22 米（对应冬至 12 月 22 日）；两边门柱所倾斜的角度正好对应北纬 23.50°。每年夏至正午，当太阳直射北回归线时，日影将穿过上方圆球中心圆管，投射地台中央。另外一处台湾北回归线纪念碑位于嘉义水上乡下寮村，初建于清光绪 34 年。

南澳北回归线标志塔

▌TOP10 铁山寺科普园

铁山寺科普园位于江苏省盱眙县铁山寺国家森林公园内，内设日晷、天象演示厅、天文图片展示厅等，拥有上万件天文知识图片和望远镜。展示柜里所放的"天外来客"陨石，于1997年坠落在山东鄄城。

▌TOP11 兴隆观测基地

兴隆观测基地隶属于中国科学院，是亚洲大陆规模最大的光学天文观测基地，重要设施包括郭守敬望远镜（LAMOST）、2.16米天文望远镜、1.26米红外望远镜等。这里地处深山，天文宁静度和大气透明度好。

附近的兴隆观星小镇是全国首家天文科普题材的特色小镇文化旅游景区，参观以"过去－现在－未来"为轴线。为了让住宿的游客能更舒适地看星星，观星小镇在别墅设计上采用了斜面玻璃顶和全玻璃观星阳台，配以专业天文望远镜，令游客可以躺在床上享受星空。

7个全景钢化玻璃帐篷，布局采用北斗七星的形状，可以各种角度观星，集休闲与科普于一体，还能与好友享受露营和观星的双重浪漫。当年天文台初建时，专家们住过的旧房子，也被修旧如旧，成为观星小镇的天文特色商业区。

如果不是生活在北京附近，还有很多天文站点，可以利用科普日、游学、夏令营等机会预约参观。

▌TOP12 吉林市陨石博物馆

吉林市陨石博物馆位于吉林市世纪广场附近，是中国第一个以展出陨石雨为专题的博物馆。博物馆内收藏着重达 1.770 吨的世界上最大的石陨石——吉林一号，游客在这里还可以亲手抚摸陨石，观看球幕电影，体会陨石雨的气魄。

可触碰到的吉林二号陨石展品

▌TOP13 北京古观象台

北京古观象台位于北京市建国门立交桥西南角，始建于明朝正统年间，是世界上古老的天文台之一。它以建筑完整、仪器精美、历史悠久和在东西方文化交流中的独特地位而闻名于世。距离北京站近，如果在北京站转车有两个小时的空闲，就可以考虑去这里参观。适合已经具备一定天文知识，对古代天文仪器和天文史感兴趣的朋友。

▎TOP14 航天发射场

我国酒泉、太原、西昌、文昌四个航天发射场均有相应的科普设施，相对而言，海南文昌发射场更适合旅游参观。最好赶上航天发射，再顺访附近的航天科普馆和航天主题公园，展示内容包括中国航天历史、人民科学家钱学森专题、航天邮展、航天育种等。

▎TOP15 楚雄太阳历公园

楚雄太阳历公园坐落在楚雄市郊，是以彝族古历法为核心标志，集中展示彝族优秀文化遗产的一个彝族文化大观园。太阳历是彝族人民所创造的天文历法，是我国古代唯一的阳历，极具特色。在彝族的太阳历中，一年分为五季十个月，每季度两个月，每个月 36 天，合计 360 天，余下的 5~6 天为过年日，太阳历中精确地计算出地球绕太阳运行一周的时间为 365.25 天。

楚雄太阳历纪念塔

▌TOP16 观星台

河南登封城东南 15 公里的告成观星台是中国现存最为古老的天文台，大约始建于 1276 年，创建者是元代著名天文学家郭守敬。告成古称阳城，历史上曾被人们看作是天下的中心。相传西周的大政治家周公为营建洛邑，曾来到阳城测验日影。观星台高 12.6 米，底部有一面带有雕刻的矮墙，帮助天文学家观测日影的长度。

▌TOP17 苏州文庙（石刻天文图）

苏州文庙保存着现存最古老的根据实测绘制的全天石刻星图。它的观测年代在北宋元丰年间（1078~1085 年），刻制年代为 1247 年。这份星图是由南宋的黄裳绘制的。黄裳为了向皇太子赵扩教授天文、地理知识，绘制了这份星图。后来，浙江永嘉人王致远把这份星图刻在石碑上。二百多年后，担心该星图会年久磨灭，又重新刻制了一块，这就是常熟石刻天文图，保存在江苏常熟。

▌TOP18 古代天文学家纪念馆

祖冲之纪念馆位于河北省保定市涞水县涞水中学，这里有学校和中国科学自然科学史研究所联合建立的祖冲之纪念馆，展出全国最权威的文物、图表和世界各国研究祖冲之的成果。

郭守敬纪念馆有 2 处，分别在郭守敬的故乡邢台和北京。邢台郭守敬纪念馆坐落在邢台市达活泉公园内，主要建有郭守敬铜像、观星台、四个展厅、天文观测台、青少年科普活动室等设施，陈列有《郭守敬生平业绩展览》。北京郭守敬纪念馆在汇通祠内，纪念馆分三个展厅，向游人展示了郭守敬的生平功绩。

▌TOP19 敦煌月球车试验场

位于敦煌西北 200 公里雅丹地质公园内，需要在敦煌市找向导带路。我国第一辆月球车曾经在这里开展为期 2 个月的试验，对月球车的性能进行全面考核。可以参观试验场区，了解月球车研制细节，晚上拍摄星空条件甚佳。

这里冬季寒冷，夏季炎热，春天大风天气多，比较适合参观的时间是国庆节附近。如果想看看类似火星的地貌，可以到青海大浪滩或者红崖、新疆五堡等地，也可以到甘肃金昌的火星基地。

望舒村月球车野外试验场

金昌火星基地（摄影　杜勇）

▍TOP20 阿里暗夜公园

阿里暗夜公园是以星空观测、星空摄影、星空保护为主题的暗夜公园。在晴朗的夜晚，人们可以观赏色彩斑斓的银河，欣赏五颜六色的星体组成的夜空，还可以对着划过天际的流星许愿。

公园位于西藏狮泉河镇以南约 25 公里处，海拔 4200 米，分为星空体验区、望远镜观测区和旅客服务区，为摄影爱好者提供了星空摄影专用平台，为天文爱好者提供了 6 台高倍率天文望远镜，为游客提供了简餐、休息床位及天文科普宣传片，园内还安装有直径 5 米的日晷。提醒注意保暖，还要小心高反。

上述 20 个景点，其实作者也只去过其中 12 个，排序是不是合适，等你参观之后告诉大家吧。

未来已来 50%

珍藏的一版一印

今年50岁左右的70后，应该读过一本书《小灵通漫游未来》，我在少年时代读过，印象深刻。这本书的初稿写于1961年，我特别佩服作者在那个年代有心境描绘未来世界的模样，修改出版的时间是1978年8月，我手里有一本就是当年的一版一印。这本书多次补充再版，影响了一代人。

初稿至今，接近六十年。出版之后，也已经四十多年。从记忆中把它翻出来，想算一算叶永烈先生描绘的未来市有几成已经成为现实，看看科技多大程度上改变了我们的生活。

当年文革刚过，中国大地掀起学科学、学文化的热潮，少年们内心追逐的明星是陈景润和顾城，看的是《小灵通漫游未来》《珊瑚岛上的死光》。确实如书中所讲，那时候的年轻人特别想知道未来的样子，到了 2000 年实现四个现代化的时候，国家什么样，我们的生活什么样，这类问题萦绕心中。

小灵通

叶先生这本书回答了我们的问题，读后的感觉就是期盼，当时我和妈妈出门的时候，都要假装家里有个机器人，喊一句"铁蛋，看家"。

■ 气垫船（实现40%）

书中刻画的气垫船，使用耐腐蚀的钛金属作为船体的材料，原子能驱动，几个小时就行驶了一万多公里，来到了未来市。现今，气垫船已经比较成熟，在军事、救援、沼泽地带交通运输等领域多有应用，钛金属材料在航天和航空等领域也在发挥着重要的作用，原子能潜艇在大洋中游弋。但是严格些看，在民用船舶中，使用核能，每小时三千公里的速度等细节还没有实现，而且技术差距还很大。

气垫船

■ 可视电话机（实现100%）

小灵通有两个小伙伴，小虎子、小燕，他们都有一个会讲话的塑料做的小盒子，通过火柴盒大小的荧光屏，可以听到对方讲话，还能看到对方的表情。

这个技术随着智能手机的发展已经普及，小说中刻画的个人之间的通信功能只是智能手机最简单的一个应用，这方面可以算是超额实现。

▍电视手表（实现100%）

电视手表

书中着力描写的电视手表，功能并不复杂，数字显示时、分、秒，不用上发条。似乎这是最先普及的科技产品。读过这本小说五年之后，1983 年我有了第一只手表，大舅用 10 元从广东买的走私电子表，刚带上的时候时不时看上一眼，走在路上很神气。不过现在这样的产品似乎已经看不到了，集成各种新功能的电子产品更新很快，反倒是机械表被认为是更高端的产品。

小说作者并没有把可视电话和电视手表集成在一起，看来那时候还没有拥有智能手机这么高的期望。

▍飘行车（实现40%）

中国第八十八汽车厂制造的未来牌飘行车，类似于气垫船，无色透明塑料车身，水路两栖，是未来城市的主要交通工具。它的操作很简单，八岁的儿童就能驾驶，车辆自主避让障碍物和其他车辆。

车辆导航、辅助驾驶，甚至无人驾驶均已实现。开发出飘行车也没有问题，但是作为城市交通工具还不行，不只是技术可实现的问题，还有经济性需要考虑。

飘行车

小说中还提到了长腿步行机，适合在沼泽地区使用，小型直升机直接飞到阳台降落，飘行拖拉机行驶在农田中。这些从技术角度已经可以实现，但还没有普及到民用日常。叶先生大概没有想到，最先直升飞机入户的不一定是人，很可能是某快递公司送来的包裹。

■ 有机玻璃建筑（实现30%）

作者描绘的轻质建筑构件采用了无色透明的有机玻璃，采光好，还隔音。建筑的新材料层出不穷，但是这样的材料似乎还不适合高层建筑，地皮昂贵把大家送上了云霄大厦，所以大家现在还是住在钢筋水泥的建筑中。

■ "铁蛋"（实现80%）

铁蛋

书中杜建国先生画的铁蛋令人印象深刻，它能做饭，能下棋，在图书馆管理图书，在马路上记录交通违章。机器人技术确实得到了迅猛发展，人工智能下棋的水平已超人类。管理图书，帮助停车等基础产品更是就在我们身边，宾馆送餐已经可以看到机器人忙碌的身影，每年接到的违章罚单大多数不是警察叔叔的现场作品。家庭服务方面也有很多进展，但是总感觉到和作品描述的"铁蛋"，还有一些亲情上的差距，不知道什么时候可以把机器人算作家庭的一员。

■ 器官移植（实现20%）

小灵通没有见到小虎子爷爷的爷爷，算来他的年龄已经超过一百二十岁了，他生病之后换过几个人工器官，身体很硬朗，去月球广寒宫避暑去了。

去广寒宫避暑

而今人类的寿命得以延长，器官移植也日渐普遍，但是人工器官还没有得以广泛应用，技术发展道路还很长。老爷爷带的助听器算不上新技术，但是隐形花镜还没有听说过，大约是看近处和看远处还是有矛盾的，需要开发一种脑电波驱动的隐形变焦镜片。

■ 神奇的去污油（实现100%）

不会碎的钢化瓷碗已经实现，速干服成为户外高手的必备，神奇的去污产品越来越多，好几个明星在电视中推销可以去除99种污渍的洗衣粉。可是经过一番轮回，大家还是更喜欢纯棉衣物，有点意外。

■ 环幕立体电影（实现90%）

立体电影

小灵通在飘行车里看带香味的4D立体电影。无论是汽车影院还是立体电影，这些都已经进入日常生活，裸眼立体视觉技术也已经得到初步实现，只差裸眼立体电影还有没有解决的技术问题，相信不会需要太长时间就可以实现。

太空发电（实现10%）

未来市的上空高悬着人造月亮，辅助照明，南极上空采用太空发电技术，使冰原变成了牧场。这些想法还没有实现，相关技术已有初步原型，但是人们的理念也发生了变化，保持夜晚应有的黑暗，维持南极环境不被破坏的理念得到了更广泛的认同。

现代化的教室（实现90%）

远程教育、现代化的教室，这些在当今都不是什么新鲜事情了。写话机把语音转换成文字，技术上还欠一点，学生上课还是要做笔记的，否则回家复习时没有要点，太浪费时间，就没有时间去参加各种课外补习班了。

月球城市（实现5%）

坐飞船去月球旅行，住在玻璃罩下的月球城市之中。人类航天探索取得了巨大进步，但是距离月球避暑、火星移民还很远。美国的几位大佬把目光投向了火星，开始考虑单程票的销售价格，个人感觉探险是一种技术水平，移民完全是另外一回事，先在珠穆朗玛峰顶建个公司售票处，再卖票不迟。

原子能驱动飞机（实现5%）

一小时洲际飞行，一天在世界各地几处名胜游览，现在还实现不了。而且可控、安全的原子能利用技术，发展速度远远没有跟上科幻作家的思绪。世界没有那么安全，不把原子能技术广泛应用于民用产品反倒得到更多的共识。

天气协商（实现0%）

未来市通过天气协商，确定当天市区降雨一小时，郊区下雨六小时，盐场不下雨。虽然现在也能打几发碘化银催雨弹来催雨，但是技术还不成熟，驱云减雨的难度更大，还没有经济可行的方法。距离小说中描绘的对局部天气进行精准控制还差得很远，这算是差距最大的技术了。

▌ 未来食品（实现20%）

不知道因为小灵通的年龄，还是当年食物贫乏产生的强烈愿望，小说中对食品的描述笔墨最多。小时候东北冬季蔬菜种类贫乏，当年这段描写令我对未来充满期盼。

根瘤菌中提取固氮粉，把空气转化为氮肥，利用吃蜡菌把石蜡转化为人造肉，都还没有实现。无土培植、反季节蔬菜已经不是新鲜玩意。比人还高的大鲤鱼、桌面放不下的西瓜，还没有实现，高耸的向日葵、玉米，脸盆大的苹果，鸡蛋大的葡萄也还差一些。植物生长刺激剂确实已经被广泛应用，效果明显。不过如今人们看到这些农业科技成果，感觉最多的不是欣喜，而是对食品安全的担心。

有些吓人的大西瓜

仔细计算未来世界的实现程度，未来已来50%。其余的50%，可能就要留给今天的"小灵通"们去见证了。

后 记

我出生在东北的一个典型的小县城，城里面有邮局、电影院、书店，有小学、中学，还有一条现在已经找不到了的小河。

小学二年级的时候，两毛钱买了一本书名是《太阳系》的书，中间提到光年，当我理解迅速无比的光，走一年的距离，被天文学家作为丈量星星之间距离的尺子，我被宇宙的广袤震撼了。

上学的时候，尽量读书，买了好多，但是也有买不起的时候，就去图书馆去借，极端的情况每天去图书馆一次，利用课间二十分钟的时间跑到图书馆换一本书，好在县城很小，跑着来回，时间富余。

我把能接触到的天文、航天、科幻书都看了，特别喜欢。于是立志要当科学家，别奇怪，那是一个理科好的孩子都想当科学家，文科好的孩子都想当诗人的年代。那时候的青春偶像只有陈景润和顾城们，还没轮到歌星和影星登场。

为了观测流星雨，连续20天凌晨跳出学校的大门，被门卫发现，我慌忙从门上跳下，伤了脚，现在走路多了还会疼。

初中我在报纸上发表了一篇关于哈雷彗星的科普文章，满足了一下虚荣心，强化了我的未来职业规划，不过那时候不叫规划而是称作理想。高考成绩还好，我选的学校和专业都够得着。研究生报名之前，我研究相关学校和研究所哪个考得上，哪个考不上用了两年时间，没有钱复印资料就手抄，抄到手指僵硬。

后来就在读研的航天单位工作，参加过飞船的系统试验，负责了玉兔号月球车和祝融号火星车的系统设计，到今天工作了 25 个年头。

曾有人问我，这个工作感觉怎么样，我回答说：金不换。我的体会是，青年时候有梦想，成长过程中有机会、有能力把握前进的方向，最后把梦想与工作结合起来，此人生之幸事也！

玉兔二号月球车在月球背面工作满三个月的时候，我在微信中写道：有一种东西叫做工作，有一种东西叫做事业；有一种东西叫做兴趣，有一种东西叫做情怀。

南山